猫在故纸堆

刘朝飞 著

苏州新闻出版集团
古吴轩出版社

图书在版编目（CIP）数据

猫在故纸堆 / 刘朝飞著. -- 苏州 : 古吴轩出版社,
2024. 10. -- ISBN 978-7-5546-2415-9

Ⅰ. Q959.838-49

中国国家版本馆CIP数据核字第2024T8F931号

责任编辑： 鲁林林
见习编辑： 黄超群
装帧设计： 杨　洁
责任校对： 张雨蕊
责任照排： 白　杨
插　　画： 橘　子

书　　名： **猫在故纸堆**
著　　者： 刘朝飞
出版发行： 苏州新闻出版集团
古吴轩出版社
地址：苏州市八达街118号苏州新闻大厦30F
电话：0512-65233679　　　邮编：215123
出 版 人： 王乐飞
印　　刷： 苏州市越洋印刷有限公司
开　　本： 787mm × 1092mm　1/32
印　　张： 9.75
字　　数： 190千字
版　　次： 2024年10月第1版
印　　次： 2024年10月第1次印刷
书　　号： ISBN 978-7-5546-2415-9
定　　价： 68.00元

自 序

送给我从来没有爱过的猫儿
——猫儿也从来没有爱过我

一

很多人会奇怪我为什么研究猫，尤其是在知道我不喜欢猫之后。面对这些“大惑不解”，我其实也常常感到不知从何说起。我说过，当一个人只想让你知道，不想跟你解释的时候，就会告诉你这是天命。比如恋人之间会说：“命中注定我爱你。”无须解释的决绝，往往最能打动人。但如同爱一个人肯定是因为一点儿什么，我想我长期在古籍中爬梳有关猫的内容，又为理解猫而翻了很多书，并在这个过程中感受到无数的快乐与悲伤，时而神采飞扬，时而义愤填膺，偶尔大彻大悟，其中肯定是有原因的，肯定是我在兴趣、天赋和市场之间找到了这个平衡点。也如同爱一个人常常不考虑原因，机关算尽的理性，会使两个人的感情变得索然无味，所以我觉得我好像也不需要解释太多。

上面的类比，恐怕在很大程度上是不合理的。大家看我的书就会发现，我常常并不从爱或者不爱的角度去理解问题。现实生活中，我也常常对别人误以为我喜欢猫而感到困惑。我刻了一个章，印文是“绝情种”，往往就盖在我经手的猫书上。我还有一个例子，来说明爱与研究的关系：你研究义和团，无论是崇拜还是鄙视，都难以认清其中真相，最后的成就都会大打折扣。只有站在客观立场上，你的研究才具有真正的价值。——当然，人非草木，孰能无情？学者对自己的研究对象不太可能没有感情，也不可能、不存在绝对客观，我只是说研究者要尽量进入一个不被感情牵制的相对客观的状态。

一个默认的现实是，当大家翻开一本猫书时，大概率会抱着一种“我要爱”的心态。拙著《猫奴图传》出版之后，我看到的绝大多数推荐语，针对的都是爱猫者。在国内某顶级媒体推送了相关书讯之后，我对《猫奴图传》的序作者林赶秋先生说：“还是林公懂我。”

因为我看到只有林先生在推荐拙著时，会直言不讳地告诉读者：“刘朝飞不喜欢猫。”大众似乎更关心情感，而非事实。

然而幸运的是，我极少遇到那种对我喊“不爱就滚开”的人。有时候看到有人在微信朋友圈频繁发流浪猫照片，我会默默地将其删除或屏蔽。人家给我发流浪猫照片的私信，我还会直接劝止。感谢这些朋友，没有对我有过什么过激的行为和言论。

可能在很多人看来，我倒是常常过激的。每次看到流浪猫，我都感到心如刀割，认为流浪猫的存在对人与自然以及猫本身都是一种伤害。不能理解和认同散养猫，也就是随便让猫走出家门这种行为。更何况折耳猫、过胖猫，想想就让人难受，怎么会有人觉得很可爱呢？……

去年夏天在车水马龙的南京街头，有一个卖艺人身旁死死地拴了一只脏兮兮的猫。路过时我说猫不适合这样嘈杂的环境，黄小猫当即表示：“它会应激的。”[①]黄小猫之前帮我校订过《衔蝉小录》，后来成了这本《猫

① 此序初稿写定后第二天，我恰巧在网上看到有两个女子手举公示牌，安静地站在当事人身旁揭露其常年虐猫骗钱的恶行的照片。

在故纸堆》的编辑。

二

明显，我对古籍的兴趣要大得多。相对而言，猫在中国古籍中出现的频次不多不少，恰恰在我的研究能力范围之内。而这样一个有魅力的选题，之前的研究成果竟然少得可怜。于是在上天如此的眷顾下，我才能有一系列相关成果。

很多人好奇我的书是怎么写出来的。在这里我不妨“坦白交代”了。大家看我书中引用了很多文献，偶尔我自己回头看的时候也会为自己书中的资料之多而感到惊讶。但其实大多数书我并没有从头到尾看过，我只不过是在各种数据库中找到了这一条条资料，然后结合目录学知识对它们有一些大体感知而已。这恐怕也是当今学界公开的秘密。

当然，有些书我还是比较熟的，所以在撰写相关内容的时候就会顺手得多。比如《狸猫换太子》，我因为相关评书听得多，所以这部分内容就写得比较丰富。能写出《狸猫护太子》，也是因为我细读过《左传》。但面对《狸猫选太子》时我就有些虚了，只能中规中矩依据有限的原始文献译述，不做太多发挥。

同时，写作的过程也是学习的过程。如果不是下定决心要写出点什么，我对古籍中的相关内容到底在说什么，也是不明确的。尤其明显的是，关于《本草纲目》中记述的七种“野猫”到底是什么，我其实经过反复的考察和思考，最后才得出一些不怎么坚定的结论。这个过程也让我感受到了孤独，因为很多问题已经难以找到能够一起探讨的朋友了。

为了读懂有关猫的禅宗公案，我着实翻看了一些佛教文献，也跟一些朋友反复讨论过相关内容。很多朋友恐怕难以接受佛教有不准养猫这条戒律，有一次谈到这个问题，一个朋友就说：“佛教是给人自由的！”这使我一时语塞，没想到大家的认知差异竟然如此之大。又有一个朋友反复发相关内容的链接给我，我一时抖机灵说：“阿咪托福，膳哉膳哉。刚吃了粥，现在我要洗钵盂去了。”“洗钵盂”是有关唐代赵州禅师的一个著名公案，说的是有个僧徒前来问法，赵州让他吃了粥就去洗钵盂，以此表达不要想太多，“平常心即道”的禅理。现在我这么说，就是委婉地表达自己不愿意继续讨论。对方深研佛禅，自然听懂了我的意思，但这也使我有点不好意思了。还有一次开会，有老先生专门抄了“南泉斩猫话”给我，我不敢说我写了相关篇章，更不敢告诉他老人家当下的舆论大概很难认可南泉禅师的做法。

三

《猫在故纸堆》是一本“放飞自我”的书。在写《猫奴图传》的时候，我还在很大程度上想着如何顺应更多读者。但写《猫在故纸堆》时，我却是完全按照自己的意愿来的。

《猫奴图传》的篇目大体由近代讲到上古，因为我怕读者翻开书就看到艰深的古文字问题，会心生退意，所以就把猫儿最辉煌的时代放到了最前面。即使是谈古文字的文章，最后我也“卖了个萌”，拿一些明显不是但像是“猫”的字来博君一粲。事实上这大概也收到了一定的效果，因为我在上海的新书讨论会上看到书店把那些字刻成了印章。

《猫在故纸堆》的篇次，则完全按照我写作时的状态，也就是想到什么就是什么，并没有一个合乎逻辑的安排。

首先我想解读一下最早出现猫的文献《诗经·韩奕》的相关情况，写了一篇《有猫的“韩国”和韩国的“猫”》，讲述《诗经》中韩国的地望及为什么其中的猫是豹猫。但后来我索性解读了《尔雅》和《本草纲目》等文献的相关内容，然后把《有猫的“韩国”》这种历史地理题目剔除了。这就是《古籍中的各种“猫”》的由来。这篇文章很长，又涉及各种专业知识，恐怕一般读者不太能读懂。我也想过把这篇调到后面去，但看到后面的文章好像也并没有很好懂，所以就保持原貌了。

《我佛不养猫》是对《庄子不养猫》(《猫奴图传》中倒数第三篇文章)的呼应，也是对《唐僧取猫VS包公请猫——中国家猫溯源传说》(《猫奴图传》中倒数第四篇文章)相关内容的一次扩展。

《有关猫的“血泪史”》则是我最早想写的题目，之后诸篇如《以猫为名》《狸猫和太子的三段往事》《猫书解题》多是沉积已久的选题，一朝在此一吐为快了。嗯，写作的过程也是学习的过程，而学到这些没用的知识也让我感到无比愉快。比如明人所谓“唐前有关猫的典故到底能不能凑够七十多条”的问题，现在可算在我这里有了一个比较确定且详细的答案。

《民间歌谣中的猫》让我感到有些惭愧，因为本来我是想写《民俗文化中的猫》，但又对大量的相关资料感到力不从心，所以只刺取了这样一个小题目。

总之，此《猫在故纸堆》为《猫奴图传》的续作。或者说，我前面出版的《猫奴图传》是未完之书。然而《猫在故纸堆》写完之后，我仍然剩了很多材料没有用到，中国猫儿文化中还有很多有趣的话题可以谈，比如中国猫儿美术史，就值得写一本书。这就是另外一段故事了。

2024年5月20日刘朝飞述于湘南学院

目录

我佛不养猫

有关猫的『血泪史』

以猫为名

狸猫和太子的三段往事

猫书解题

民间歌谣中的猫

古籍中的各种『猫』

《诗经》里的“猫”

《诗经·大雅·韩奕》第五章，讲的是诗人赞美蹶父为自己挑选到了优秀的女婿韩侯：

蹶父孔武，靡国不到。为韩姞相攸，莫如韩乐。孔乐韩土，川泽讦讦，鲂鲊甫甫，麀鹿噳噳，有熊有罴，有猫有虎。庆既令居，韩姞燕誉。

蹶（guì）父，姓姞（jí），周宣王的卿士，受封于蹶地，故称“蹶父”，“父”通“甫”。蹶父的女儿嫁给了韩侯，所以被称为“韩姞”。诗人说，蹶父孔武有力，到过很多国家，为自己的女儿挑选夫婿，最后发现还是韩国好。韩国最有资格被称为乐土，韩国的河流和湖泽广大（讦音xū），水中盛产肥大的平头鳊（鲂音fáng）和鲢鱼（鲊音xù），岸边的母鹿（麀音yōu）成群结队（噳音yǔ），又有熊、罴、猫、虎这些野兽。可喜可贺啊，有这样美好的居所，可以让韩姞在此享受安乐幸福。

《韩奕》第六章最后还提到“献其貔皮，赤豹黄罴”。诗中六种食肉动物，熊、罴、猫、虎、貔、豹。其中熊、虎、豹，我们很明确。罴和貔，一般人都说不太清楚它们是什么。深究的话，可知熊是黑熊（狗熊*Selenarctos thibetanus*），罴是棕熊（人熊*Ursus arctos*）。至于貔为何物，则难以确考。而大多数人自以为十分了解的“猫”，其实在《韩奕》里还是有争议的。

毛传云：“猫，似虎而浅毛者也。”（浅毛即浅色毛）所说与今人的认识有着较大的差异。究其原因，是今天我们常见的家猫，在西周时期还没有进入中国。所以，《韩奕》诗中的“猫”需要我们重新考订。

毛传中这个奇怪的说法是怎么来的呢？《尔雅·释兽》：“虎窃毛谓之虦（zhàn）猫。”此说为毛传所本。《说文解字》说同：“虎窃毛谓之虦苗。从虎，戋声。窃，浅也。”然而郭璞《尔雅注》：“窃，浅也。《诗》曰：有猫有虎。”仿佛《尔雅》此文解释的是《韩奕》“有猫有虎”，这是本末倒置，此处明明是毛传在用《尔雅》之说。

我们知道《尔雅》其实是解释古籍的，它的说法不会凭空出现，也就是说是古籍中先有“虦”这个词，然后才有了《尔雅》的相关说法，《说文》同理。然而今所见早期古籍中，却没有“虦”字。考《韩奕》第二章有“浅幭[①]”一语，毛传：“浅，虎皮浅毛也。”是《诗经》此“浅”即《尔雅》之“虦”，《诗》古文或有作“虦幭”者而已。古今读《尔雅》者，多为毛公、郭璞所误，唯有清人刘玉麐《尔雅

① 幭，音miè，旧说是指车轼上的覆盖物，实则字通“幕”，只是“覆盖物”的意思。浅幭，即浅色覆盖物，《诗经》此处用于车上而已，有可能为虎皮制作，亦未必以虎皮制作。

[清]佚名《张师诚跋豳风十二月图说册》之“一之日于貉”
台北故宫博物院藏

校议》独具慧眼，引此“浅幭”毛传为证。

《毛诗传》与《尔雅》说多相通，二书的成书也应该是交互影响的。我们这里讨论涉及的内容，应该是这样一个形成过程：先有《韩奕》“虦（浅）幭”“有猫有虎”，再有“虦幭”经说“虦，虎皮浅毛也”，然后有“虎窃毛谓之虦苗（猫）”之说，再然后或解“有猫有虎”曰“猫，似虎而浅毛者也”，最后三说分别入《毛诗传》与《尔雅》。

本来古说中只存在浅色虎皮（自然界中偶然的存在，如白化的虎皮），并不存在一种似虎而浅毛的物种“虦猫”。所有根据毛传“猫，似虎而浅毛者也”推论《韩奕》之“猫”为何物的，都不可信。《毛诗多识》：“虎之毛色本异，关左[1]所见惟青黄二色，毛色浅者亦有之，无猫名。”

汉代人传经，守所谓“家法”“师承”，后人又坚持“疏不破注”，以致即使有些内容明显被传得失去合理性了，很多学者仍习焉不察。所以传注、辞书中有些说法，其实甚为荒唐。如《毛诗传》以《豳风·鸱鸮》之“鸱鸮”比周公，所以违背常理而解“鸱鸮”为“鸋鴂”（巧妇鸟），不顾古书中“鸱鸮皆指猫头鹰，《豳风》中亦不异，《鸱鸮》实为刺暴诗”这个事实。又如《说文》说：“鼨，胡地风鼠。”但出土文献皆以“鼨”为“豹”，《说文》“胡地风鼠”之

① 关左，指潼关以东，实际主要指陕西。

说全无可证。《韩奕》毛传"虦猫"的来由，好歹还有迹可循，很多别的奇谈怪论都难知从何而来。

《尔雅·释兽》："狸子，隶。"意思是"狸"的幼崽叫"肆"，类似马的幼崽叫"驹"，羊的幼崽叫"羔"。"驹""羔"等词不绝于历代典籍，但"肆"当"狸子"讲则几乎没有应用实例，只见于历代字书转抄《尔雅》此说。"狸子肆"又被改写成"狸子貄（sì）"。陆德明《经典释文》："隶，众家作肆，又作隸，舍人本作貄。"大概是人们觉得用"肆"表示一种动物显得没有理据，所以造了一个豸旁字来替换。其实换不换字形无所谓，"肆"根本就没有"狸子"的意思，《尔雅》这个说法根本就是错的。"狸子肆"是由误解《夏小正》"（七月）狸子肇肆"而来。今本《夏小正》有传："肇，始也。肆，遂也。言其始遂也。其或曰：肆，杀也。"此为正解。"狸子肇肆"说的是，七月的时候，狸的幼崽开始出来撒欢或捕猎。

"狸"就是"猫"。那么《韩奕》之"猫"究竟为何物呢？

大蒜进入中国之时，以中国本有蒜，而被称为"大蒜"，久之大蒜才得名"蒜"，而原本的蒜则改称"小蒜"。然而家猫*Felis silvestris catus*从一开始就被国人称为"猫"，以至于很多人以为它生活在野外就是"野猫"，被人豢养就是"家猫"。之所以如此，肯定是因为它跟本来汉语中所谓的"猫"极为相似。

中国有猫科动物12种，其中豹属的豹、虎、雪豹，云豹属的云豹，猞猁属的欧亚猞猁，这5种都是体型相对很大的动物，断不是古人所说的“猫”。或说猞猁为《韩奕》之“猫”，仅以“浅毛”为据，实际猞猁头体长80~130cm，古人不会将之与家猫等同。而且中国的猞猁大部分分布在陕西西部以西，东北地区虽有，但不为中原之人所熟知。

小型猫科动物中，云猫属的云猫仅见于云南，猫属的亚洲野猫、荒漠猫、丛林猫，这4种虽然在外观上跟家猫很接近，但都因为栖息地的原因，不为国人熟知；金猫属的金猫，一则体型稍大，二则不见于中原及北方，所以很可能也不是古人所谓的“猫”；兔狲属的兔狲，虽多见于西部，但在山西大半地区有分布，所以勉强入选。渔猫不计，此物中国即使有也极少，更不会是《韩奕》之“猫”。

学　名	属	种	头体长	分布省区市（含港澳台）
Felis silvestris ornata	猫属	野猫	55~80cm	新甘宁川滇
Felis bieti	猫属	荒漠猫	60~85cm	青川
Felis chaus	猫属	丛林猫	58~76cm	滇藏
Otocolobus manul	兔狲属	兔狲	45~65cm	藏新青甘蒙冀川
Pardofelis marmorata	云猫属	云猫	40~66cm	滇
Catopuma temminckii	金猫属	金猫	71~105cm	赣浙闽粤桂黔湘鄂川滇藏皖豫陕
Prionailurus bengalensis	豹猫属	豹猫	36~66cm	除新疆外
Lynx lynx	猞猁属	猞猁	80~130cm	新藏青川滇甘蒙晋冀黑吉
Neofelis nebulosa	云豹属	云豹	70~108cm	皖赣浙闽粤桂黔湘鄂陕川滇藏甘台琼
Panthera pardus	豹属	豹	100~191cm	藏滇黔川青湘鄂赣闽粤桂陕晋冀京豫皖黑吉
Panthera tigris	豹属	虎	215~330cm	藏滇粤闽湘赣黑吉
Panthera uncia	豹属	雪豹	74~130cm	青藏新甘川

唯有豹猫属的豹猫，在中国大多数地区都有分布，体型、外貌也跟家猫相近，所以《韩奕》之“猫”极有可能就是豹猫*Prionailurus bengalensis*。

豹猫头体长36~66cm，尾长20~37cm，而这跟家猫的大小几乎没有差别。如河北、山西、陕西、河南等省全境都是豹猫的栖息地，国内除西部干旱区之外，可以说是无处不有。在国内，豹猫除了分布广之外，还有一个特点是单位范围内个体数量多，极易被人观察到，它是当之无愧的中国猫科动物之冠。

一般认为豹猫在国内主要有两个亚种，南方的南方豹猫*P.b.bengalensis*，和北方的阿穆尔豹猫*P.b.euptiurus*，此外还有海南豹猫*P.b.alleni*和华南豹猫*P.b.chinensis*。南方豹猫是生物学上豹猫的指名亚种，其特点是毛皮上的花斑大而明显，有似于豹，而阿穆尔豹猫的花斑就小而模糊。《韩奕》之“猫”，应该就是阿穆尔豹猫，因为“韩国”在北方（山西或者河北）。

“猫”之名目又见于其他先秦古籍，而早期古籍中更多地将之称为“狸”。《礼记·檀弓下》说到“狸首之班然”，《楚辞·山鬼》则说到“乘赤豹兮从文狸”，涉及豹猫的毛色特点。《礼记》《韩非子》《吕氏春秋》《尸子》都提到猫（狸）捕鼠的天性。所有的这些记述，都说明先秦古籍中的“猫”“狸”与猞猁、兔狲等动物无关。至于云南省博物馆藏西汉时期的一件古滇国穿銎铜戈上，有一只猫科

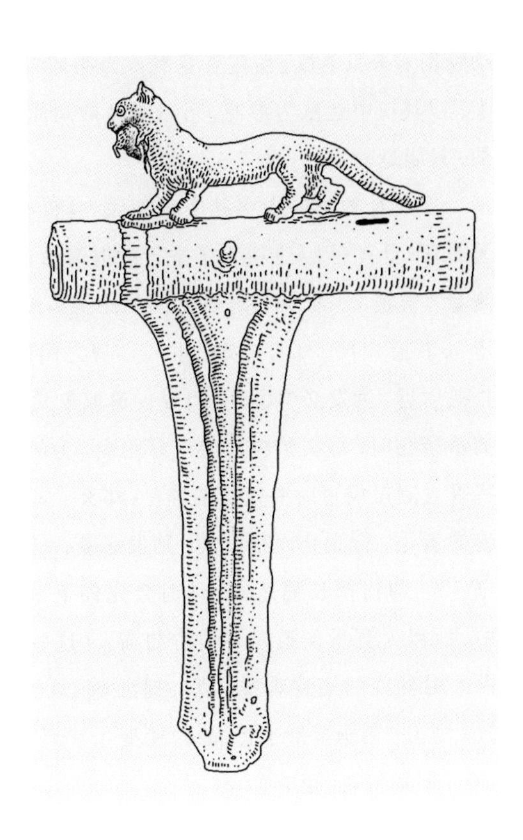

《古滇国穿銎铜戈》
橘子摹绘

动物衔着一只老鼠，鉴定者竟然认为那是“豹衔鼠”。实际上，以其口中老鼠为参照，可以明显推知此兽体型不会是豹，只能是豹猫。

古人对豹猫的观察其实很细致。《仪礼·大射仪》和《周官·夏官·射人》讲天子举行的射箭活动中，要用一种测量“侯道”（箭靶和射者之间的距离）长度的工具“狸步”，长有六尺。郑玄《仪礼注》：“狸之伺物，每举足者，止视远近，为发必中也，是以量侯道取象焉。”（豹猫准备捕杀猎物时，每次抬腿都要看好距离，为的是每发必中，所以人测量侯道时要模仿豹猫。）郑玄《周官注》：“狸，善搏者也，行则止而拟度焉，其发必获，是以量侯道法之也。”（豹猫擅长捕杀，出动时会先停下来考量，每发必中，所以人测量侯道时要模仿豹猫。）这些都反映了早期古人对豹猫的细致观察。清人刘沅《仪礼恒解》《周官恒解》则说“刻画猫形于上，故云狸步”，“刻狸于上，故云狸步”，不知何据，恐非。

《逸周书·世俘》：

> 武王狩，禽（擒）虎二十有二，猫二，麋（麋）五千二百三十五，犀十有二，牦七百二十有一，熊百五十有一，罴百一十有八，豕三百五十有二，貉十有八，麈十有六，麝五十，麇（麇）三十，鹿三千五百有八。

这是一个先秦时期的猎物清单。其中猫只有两只，别的动物却很多，这其实很不合常理。像虎、熊、罴这种食物链顶端的独居动物，领地都很大，且难以擒获，22只老虎已经很难得了，更何况151只黑熊、118只棕熊。即使是群居的食草动物，像一次猎得5235只麋鹿这样，恐怕也是不现实的。总之，这组数据很可能是假的。虽说如此，但其中猫只有两只，大概也能说明豹猫这种小型动物，在最高级别的狩猎活动中，是不受重视的。

古人抓捕豹猫的方法，更多的并非主动式的大型狩猎，而是使用陷阱和捕兽器械的诱捕。《庄子·逍遥游》所谓：“子独不见狸狌乎？卑身而伏，以候敖者；东西跳梁，不避高下；中于机辟，死于罔罟。”

而捕猫的目的，主要是获取皮张。《尚书·禹贡》：“梁州，厥贡熊罴狐狸织皮。”《韩奕》之“韩”，无论是河北固安还是山西河津、稷山，都属于《禹贡》北方之冀州，与西南之梁州不同，但狸猫之功用则相同。《左传·定公九年》提到的“狸制”，便是狸猫皮斗篷。《诗经·豳风·七月》中，也有用狸皮做裘的说法。《韩奕》所谓“献其貔皮，赤豹黄罴”，意思也是韩侯向周王进献貔、金钱豹和棕熊的皮张。而夸耀“有猫有虎”，十分可能也是因为看重豹猫的皮张资源。

中国从1993年4月起正式禁止豹猫皮张出口。当时中国政府宣布库存皮张数量大约为80万张，并指出1989年之后所有捕猫均为非法。[①]

家猫进入中国以后，迅速占领国人视野，所以自隋唐以后，国人所谓的“猫”“狸”，一般都是指家猫*F. s. catus*。很自然地，本来被称为“猫”“狸”的豹猫*P. bengalensis*，便被称为“野猫”“山猫”。然而“野猫”“山猫”其实也指其他小型猫形亚目的动物，比如灵猫科的果子狸。

国人曾经食用灵猫科的果子狸（今已禁食），但很少食用豹猫。李时珍《本草纲目》所谓：“大小如狐，毛杂黄黑，有斑如猫，而圆头大尾者，为猫狸，善窃鸡鸭，其气臭，肉不可食。”（或以此为陶弘景《本草集注》之文，未详所据。）似乎豹猫在古代还被称作“猫狸”。但“猫狸”之说几乎未见书证，疑是李时珍自创。古书中“猫狸”似皆即“狸猫”，亦即“猫”，亦即“狸”。敦煌卷子《切韵笺注》：“狸，猫狸。”[②]

“豹猫”一名未详其所始，古籍中未见。2011年上海辞书出版社《汉语大词典》有此条目，但未有书证。1934年新亚书店薛德焴、缪维水《世界哺乳动物志》有野猫*Felis catus*、猫*Felis domesticus*等种，无豹猫。今中国台湾称豹猫为“石虎”。清沈茂荫《苗栗县志》卷五：“石虎：头

① 世界自然保护联盟（IUCN）物种存续委员会（SSC）猫科动物专家组编：《中国猫科动物》，中国林业出版社，2013年，第36页。

② 张涌泉主编：《敦煌经部文献合集》，中华书局，2008年，第2614页。

《诗经名物图解》之“猫”
[日]细井徇撰绘
日本弘化四年(1847)本

似猫，尾长，有花文。能升木。重不满十斤。威振，犬莫敢近。”（此物也有可能是云豹）又，清朱景英《海东札记》卷三《记土物》：“番猫较家猫肥泽，而尾甚短，捕鼠亦捷。”此“番猫”似亦指豹猫，但豹猫尾巴不短。

总之，豹猫*P. bengalensis*在古籍中只被直接称为猫、狸、野猫、狸猫、猫狸，与家猫*F. s. catus*之古称几乎无差别。古人（还有多数今人）恐怕就笼统地以为，被驯化的野猫即家猫，家猫跑到野外长期生活即变成了野猫。其实猫属的家猫*F. s. catus*和豹猫属豹猫*P. bengalensis*非但不是一个物种，而且不同属，二者几乎也没有基因交流。二者的关系，相当于黑猩猩和大猩猩，不是黑猩猩长大了就是大猩猩，也不是大猩猩晒黑了就是黑猩猩，二者根本不是一个物种。又如小龙虾长不大，长大了也不是龙虾。

前文皆一家之言，细思之则仍有未安。古书情况复杂，今亦姑妄言之。

其他分布在中国的小型猫科动物，在古书中恐怕通称为“猫”“狸”，无明确记录，如亚洲野猫*Felis silvestris ornata*、荒漠猫*Felis bieti*、丛林猫*Felis chaus*、云猫*Pardofelis marmorata*等。唯独兔狲*Otocolobus manul*与家猫*F. s. catus*、豹猫*P. bengalensis*区别比较明显，但古书中亦未见明确记述，诚为怪事。

《尔雅》“狸丑”

汉语中所谓的“猫”，隋唐之前主要指豹猫，隋唐之后主要指家猫。除此之外，还有很多动物跟“猫”也是有一些关系的。今就《尔雅》所记，一一考述如下。

狸丑：狐狸

《尔雅·释兽》：“狸、狐、貒（tuān）、貈（hé）丑，其足蹯（fán），其迹内（róu）。”狸（豹猫）、狐（狐狸）、貒（猪獾）、貈（貉），这四种动物是一类，它们的脚掌叫作“蹯”，它们的足迹叫作“内”。这是有关狸猫分类方面最早的内容。

以今天的生物学分类而言，豹猫是猫科豹猫属的，狐狸是犬科狐属的，猪獾是鼬科猪獾属的，而貉是犬科貉属的，它们同属于食肉目。后两种与猫关系稍远，今单讲一下狐狸。

中国境内的狐属*Vulpes*动物有三种：沙狐*V.corsac*、赤狐*V.vulpes*和藏狐*V.ferrilata*。沙狐、藏狐只在中国东北到西南一带有些分布，中原及南方等大部分地区不见分布，赤狐则广布中国大地。所以古籍中所谓的“狐”、白话文所谓的“狐狸”，多数指的是赤狐。

古代文献中常常是“狐狸”连言，但若论单字，“狐”

的出现频率，要远远高于“狸”。比如商代甲骨文从犬亡声的字，便是古“狐”字，而商代几乎未见有“狸”字。又比如《周易》中有“狐”无“狸”，《诗经》中“狐”字十一见，“狸”字仅一见。“赤狐”之名，则来自《诗经·邶风·北风》：“莫赤匪狐，莫黑匪乌。”

清《夜谭随录》卷二《杂记五则》：“吾闻狐之类不一，有草狐、沙狐、元狐、火狐、白狐、灰狐、雪狐之别。……或曰：老而妖者名狁狐，又名灵狐，似猫而黑，北地多有之。盖别一种云。”其物似是紫貂。

方言中也有混同“狐”与“猫”的现象。福建、广东部分地区称狐狸为“狐狸猫”，福建闽侯洋里称“老猫”，贵州清镇称“狸子”。广东揭阳俗语“狐狸打扮也是猫”，比喻本来不漂亮的人无论怎么打扮也不会漂亮。

[晋]郭璞注《尔雅图》三卷
明内府彩绘本
上海图书馆藏

貘：熊猫

《尔雅·释兽》：“貘，白豹。”关于“貘”兽有二说，一是食肉目大熊猫科的大熊猫*Ailuropoda melanoleuca*，二是奇蹄目貘科的马来貘*Tapirus indicus*，二说皆可通。拙著《志怪于常》之《食铁之兽》一文已言之。

现代生物学意义上的大熊猫，是法国来华传教士兼博物学家谭卫道（1826—1900）发现的，谭卫道原名吉恩·皮埃尔·阿尔芒·戴维（Jean Pierre Armand David）。1869年3月11日，谭卫道在四川省雅安市宝兴县穆坪镇，通过当地人发现了“白熊”的皮，4月1日又通过当地猎人捕获了成年的“白熊”，随后将之介绍给西方世界，并将之命名为“黑白熊”。1870年，法国亨利·米勒·爱德华兹（1800—1885）又名之曰“大熊猫”（Giant panda），以区别于“小熊猫”（Little panda）。

本来，1821年发现于喜马拉雅山麓的小熊猫科小熊猫属的小熊猫*Ailurus fulgens*，就被称作“熊猫（Panda）”。Panda来自尼泊尔语，本义是“红色的猫狗”。然而爱德华兹认为谭卫道发现的“黑白熊”不是“熊”，所以夺了Panda这个名字给了谭卫道发现的这种动物*Ailuropoda melanoleuca*。

后来，大熊猫逐渐成名，以至于“熊猫”一名便专属于大熊猫，而本名Panda的*Ailurus fulgens*便被称作“小熊猫”（Little panda）或“红熊猫”（Red panda）。

[南宋]佚名《搜山图》(局部)
其中有疑似小熊猫妖
故宫博物院藏

古代中国人并未将“大熊猫”“小熊猫”与“狸猫”联系起来。只是“白豹”的别名，跟“猫”有些许相近，因为豹和猫外形很像。

貀：海猫

《尔雅·释兽》：“貀（nà），无前足。”这句话直译为：貀兽没有前面两条腿。“貀”字异体作“豽”（见陆德明《经典释文》）。或说“豽”为某种海生食肉目动物。

中国目前有海生食肉目动物（又称“鳍足类”）2科5属5种。鳍足类动物跟裂脚类（犬、熊、鼬等）的亲缘关系更近，都属于食肉目。汉字中豸旁和犬旁通常表示食肉目动物，所以“豽”表示海狗，还是有一点合理性的。包括海狗在内的各种鳍足类动物，后肢都演化如一种鱼尾鳍一般，以至于它们来到岸上的时候，看起来就是靠两条腿支撑着身体，后面拖着“大尾巴”（其实是后半身），十分像是《尔雅》中说的“无前足”。

狮和豹都是猫科动物，所以“海狮”“海豹”这样的名字其实也是接近于“海猫”的。古人也确有“海猫”之说：

古人以北海狗*Callorhinus ursinus*的外阴制成春药，名曰“海狗肾”或“腽肭脐”，但也有假冒的。清代小说《金屋梦》第二十六回：“又有两件假东西，可以当做真的。一样是海猫，比狗一样，只是嘴略平些。一样是海豹子，比狗一样，

疏》。郝氏引《临海志》云:“状如虎形,头似狗,出东海水中。”又引《本草衍义》云:“今出登莱州,其状非狗非兽,亦非鱼也。前脚似兽,尾即鱼,身有短青白毛,毛有黑点。”然而细察出处,可知此《临海志》《本草衍义》所说皆是“腽肭兽”,而非说“貀”(豽)。其中枝节尚多,今不细论。

畸形兽之说,郭璞《尔雅注》已申之:“晋太康七年,召陵扶夷县槛得一兽,似狗,豹文,有角,两脚,即此种类也。”

其实,唯有貀为某种陆生食肉动物之说最为合理。

郭璞《尔雅注》又曰:“或说貀似虎而黑,无前两足。”(《经典释文》引《字林》说同)《尔雅考证》引《异物志》:“貀出朝鲜,似猩猩,苍黑色,无前两足,能捕鼠。”(此条见《尔雅义疏》。《本草纲目》引略同,“猩猩”作“狸”。)《广韵》“豽”字:“似狸,苍黑,无前足,善捕鼠。《说文》作貀。”

《后汉书·东夷传》“夫余国”(在今嫩江中下游及松花江、阿什河、拉林河流域):“出名马、赤玉、貂、豽。”(《晋书》卷九七略同)李贤注:“豽似豹,无前足。”《玉篇》“貀”字:“似豹,无前足。”

《说文》引《汉律》:“能捕豺、貀,购百钱(购是奖赏的意思)。”《后汉书·鲜卑传》(鲜卑山在今兴安岭山脉北部):“又有貂、豽、鼲(hún,即灰鼠)子,皮毛柔蠕,故天下以为名裘。”李贤注:“貂、鼲并鼠属。豽,猴属也。”(《太平寰宇记》略同)唐太宗即位后,曾放生一部分皇家园林中的貀,《册府元龟》四二:“又在内鹰、狗、貀等,并委五坊使量留,余并解放。”其后历代唐帝效之,并见《册府元龟》四二、五六、八七、一六八、一六九。《太平御览》九一二引《唐书》曰:“长庆中,河东节度使李听贡貀三头。貀,猛健之兽也。穆宗好畋游,常诏诸道广求此兽,搜践山谷,郡县告劳。防虞笼槛,甚于豺虎。及至林苑,往往噬人。后穆宗亦尽令逐之。及敬宗即位,听复献之。”河东,唐方镇名,治所在太原府,今山西太原市西南晋源镇。《新唐书·于阗传》:“开元时献马、驼、豽。”于阗亦在西北。《李林甫传》:“庆王往年猎,为豽伤面甚。”这里说的“貀”,并无“无前足”的异相。

唐玄宗时,韦无忝以画兽闻名。《开天传信记》中记韦无忝所画:“狗马驴骡,牛羊橐驼,猫猴猪貀,四足之属。”(《太平广记》二一二“金桥图”条引)这里记的“貀”则明确是四足。

《宋书·礼志五》:“山鹿、豽、柱豽、白豽、施毛狐白领、黄豹、斑白鼲子……皆为禁物。”禁物,指皇帝专用之物。又曰:“第六品以下,加不得服金钿、绫、锦、锦绣、七缘绮、貂豽裘、金叉镮铒、及以金校饰器物、张绛帐。”《魏书·蠕蠕传》:“岁贡马畜、貂豽皮。”(《北史》略同)《新唐书·回鹘传下》:“服贵貂、豽。”(服装方面以貂皮和豽皮为贵。回鹘在西北。)可见豽的功用为提供皮张,与貂相类。

《初学记》二九：“果然，猿、貀之类也。”“果然”是一种猿猴。《汉书·东方朔传》注引邓展曰：“咄音貀裘之貀也。”大概古“貀裘”并不罕见。

《明一统志》卷九十《外夷·鞑靼·土产》（明代把东部蒙古称为鞑靼）：“鼲、貂鼠、青鼠、土拨鼠、貀。”自注：“猴属。已上六物，皮毛柔软，可为裘。”这里仍没有说貀“无前足”，仅言其皮用。

由此我们知道貀见于历代文献者甚多，足以证明貀确实是一种并不罕见的陆生食肉动物。古籍中或言其似狸，或言其似虎，或言其似豹，或言其似猩猩，或言猴属，皆相通。豹即豹猫，似狸即似豹。古书中的“猩猩”，非今所谓出非洲或东南亚的“猩猩”。如陆游所谓“猩猩毛笔”，即狼毫笔，此“猩猩”即黄鼬。《庄子·逍遥游》曰：“子独不见狸狌乎？”《庄子·徐无鬼》曰：“藜藋柱乎鼪鼬之径。”“猩”“狌”“鼪”三字相通，皆有黄鼬之义。古人又言猩猩如禺（见《山海经·南山经》）、如猿（见《广韵》），所以“似猩猩”与“猴属”又相通。狸（豹猫）、虎、豹、猩猩（黄鼬）皆属食肉目，貀必与之相似。

古书中又常“貂”与“貀”连言，又言貀“善捕鼠”“猛健之兽”“往往噬人”等，这些特点，都可以说明貀即貂、鼬之类。貂、鼬种类较多，生物学上称为鼬亚科，中国现有4属15种。

古书又言貀色“苍黑”，又皆出北方。根据所有这些特点，我们首先可以排除毛色无黑色的鼬属、虎鼬属；貂熊属身体笨重，且生活在极北地区，也可以排除；貂属的青鼬毛色大片青黄，且同时大量分布在南方和西方，紫貂则棕黑色或褐色，皆非前文所说北方苍黑之食肉动物。只有貂属的石貂*Martes foina*可以大体满足以上所有条件。

石貂毛色灰褐或淡棕褐色，此即所谓“苍黑”；喉胸部具鲜明的“V”字形白色块斑或略带棕色斑点，静止时昂首，前足垂于身前，此当即所谓“无前足”。今石貂分布在我国北部及西北部，即内蒙古、河北西北部（唐县、张家口一带）、山西、陕西北部。这个位置相对于古籍记载的貀兽的产地（东北为主，其次是西北和山西）来说，不过稍微有些靠南而已。

貂鼬类皆凶猛，擅捕鼠。石貂的皮张品质稍逊于紫貂，具有很高的经济价值。

古书中“貂”一般指紫貂*Martes zibellina*，所谓“其色紫，蔚而不耀”（《埤雅》卷四引应劭《汉官仪》），“蔚”言鲜明华美。石貂古代或称“黑貂”。《战国策·秦策一》：“黑貂之裘敝。”鲍彪注：“貂，鼠属，大而黄黑，出丁零国。”《本草品汇精要续集》卷之五《兽部·毛虫》：“黄色者为金貂，白色者为银貂，黑色者为黑貂，紫黑者为紫貂，贵贱不等。”（“金貂”当即香鼬或艾鼬，“银貂”当即白鼬或者伶鼬。）

《石貂图》
橘子绘

貔：猞猁

《尔雅·释兽》："貔，白狐，其子豰（hù）。"此兽究竟为何物，甚难确定。据王引之《经义述闻》之说，古籍中似乎有两种貔，一是"豹属之貔"，一是"白狐之貔"。

"豹属之貔"书证较多：

《尚书·牧誓》有"如虎如貔，如熊如罴"之文，形容战士之骁勇非常，明此"貔"为猛兽。郭璞《尔雅图赞》："《书》称猛士，如虎如貔。貔盖豹属，亦曰执夷。"《尔雅注》："一名执夷，虎豹之属。"《史记·五帝本纪》："（黄帝）教熊罴貔貅貙虎，以与炎帝战于阪泉之野。"

《礼记·曲礼》："前有挚兽，则载貔貅。"今人以"貔貅"为一种神兽名（此说古书中无，其物实即古所谓"辟邪"），古人以为两种猛兽，"挚兽"（鸷兽）即猛兽。陆德明《经典释文》："貔，婢支反，徐扶夷反。孔安国云：貔，执夷反，虎属，皆猛健。"孔安国为西汉人，当时未有反切注音法，此文可疑（今本《尚书》孔传无"反"字），然而据此足可知"执夷"为"貔"之音转。

《诗·大雅·韩奕》："献其貔皮，赤豹黄罴。"陆玑《毛诗草木疏》："似虎，或曰似熊，辽东人谓之白罴。"（陆德明《经典释文》引）"白罴"本或作"白熊"。《说文》："貔，豹属，出貉国。"此"貉"即《韩奕》"其追其貊”之“貊”字异体。《说文》此说亦可佐证《韩奕》之“韩”在东北方的固安，地近陆玑所谓“辽东”。

以上为“豹属之貔”。以其毛色、体形及分布地域来看，似乎是指猞猁属的欧亚猞猁*Lynx lynx*。大部分猞猁的毛色以浅灰褐色为主，毛尖显银白色，斑纹为不明显的淡褐色。总之猞猁毛色较浅，勉强可当“白熊”“白罴”之“白”。猞猁为中型猫科动物，自然跟虎更像，但四肢粗、尾巴短，也确实相对更像棕熊，合于陆玑所谓“似虎，或曰似熊”。猞猁广泛分布于东北和西北各省，中原地区及东部、南部地区罕见。

猞猁图像早在隋唐之际就已经出现：唐章怀太子墓出土壁画上及唐金乡县主墓出土陶俑上，都有蹲坐在马背上负责狩猎的猞猁；内蒙古自治区敖汉旗李家营子出土唐代镀金银盘也有猞猁图像。但文献中对猞猁的明确记述，却出现得比较晚。

猞猁全称“猞猁狲”或“舍利孙”。方以智《物理小识》卷六：“舍利孙，即土豹也。”古人以为名贵毛皮。傅乐淑《元宫词百章笺注》五十五“比胛裁成土豹皮，着来暖胜黑貂衣”条注云：“清时一品大员方能穿猞猁，又郡王穿猞猁。”

《清稗类钞》：“猞猁孙，亦作‘失利孙’，《明一统志》则谓之曰‘土豹’。状如狸而耳大，有尾毛，可为裘。有‘马猞猁’‘羊猞猁’‘草猞猁’等名，乌拉诸山皆有之。体轻能升木，满洲语谓之‘威呼肯孤尔孤’，译言‘轻兽’，即《广

《唐章怀太子墓室壁画之大猫狩猎》

橘子摹绘

舆记》所称‘天鼠’也。至青海所产者，则略大，齿尖，爪不露而锐，能猱升，食鸟雏，毛细长，灰褐色。毛根红者为上，灰色者次之，根白者又次之。”1934年《世界哺乳动物志》称之为林独*Felis lynx*，当时归入猫属（今入猞猁属）。“独（yì）”字在汉语中本来是指狸的幼崽，其实是“狸子肆”之“肆”的异体（见《广韵》《集韵》），“林独”则是拉丁学名*Lynx*的音译。此词又译作“令斯”（见《吴友如画宝》）。刘正埮、高名凯等编《汉语外来词词典》：“猞猁狲，一种类似山猫的动物，又作‘猞猁’‘失利孙’‘失利’‘实鲁苏’‘宿列苏’‘沙鲁思’。源：蒙silügüsü(n)，silegüsü(n)。”

“土豹”之称，则出现得更早一些。宋《本草衍义》：“又有土豹，毛更无文，色亦不赤，其形亦小。”明任洛《辽东志》卷九“外夷贡献”中有“失剌孙”自注：“即土豹。”明代有皇家动物园“豹房”，其中除了养有花豹（文豹）之外，也养有猞猁（土豹）。《涌幢小品》卷二“司牲所”：“文豹一只，日支羊肉三斤。豹房土豹七只，日支羊肉十四斤。”平均一只猞猁一天吃二斤羊肉。《万历野获编补遗》卷三：“西苑豹房畜土豹一只。”

另外，汉晋间传说中有一种神兽“舍利”（或作“猞猁”），“头上有双角，背上有翼，有单或双尾，口吻部似龙，口中衔珠或璧”，此与猞猁*L. lynx*无关。详邢义田《汉晋的“舍利”与“受福”》（载荣新江、罗丰主编：《粟特人在中国：考古发现与出土文献的新印证》）。

貔：狐、白鼬、伶鼬、豹猫、黄鼠、旱獭、竹鼠

《尔雅·释兽》："貔，白狐，其子豰。"《尔雅》此说未见书证，不知据何而言。"白狐"之名，似乎取义"皮白似狐"。言"白狐"，便不似前文所谓"似虎，或曰似熊"。古书中言"白狐"，多指白色狐狸，即赤狐*Vulpes vulpes*的白色变异个体。赤狐本棕黄或棕红色，棕白色个体少见，纯白更少，古人以白狐为"祥瑞"。相传禹三十未娶，路经涂山时，见九尾白狐，因娶涂山氏女娇，事见《吕氏春秋·音初篇》。《田俅子》曰："殷汤为天子，白狐九尾。"（《稽瑞》引）《魏书·灵征志第十八》："高祖太和二年十一月，徐州献黑狐，周成王时治致太平而黑狐见。三年五月，获白狐，王者仁智则至。"然而，此"白色狐狸"恐非《尔雅》之"白狐"。

鼬属的白鼬*Mustela erminea*及伶鼬*Mustela nivalis*略似白色狐狸。二鼬皆于冬日呈白色，体型甚小。在中国，白鼬仅见于东北和西北，伶鼬则除东北、西北外，亦见于四川。古书中或称此二鼬为"银貂""银鼠"（后者见《吴友如画宝》及《朔方备乘》等，参黄复生《中国古代动物名称考》）。金庸《神雕侠侣》中写瑛姑于黑龙潭所养之"九尾灵狐"："突然之间，众人眼前一花，一只小狗般的野兽从密林中钻了出来，瞬眼之间便奔到了林外。这野兽身子不大，四条腿极长，周身雪白，尾巴却是漆黑，猫不像猫，狗

不像狗。”（第三十三回《风陵夜话》）活动甚为敏捷，白身黑尾（尖），这些完全符合白鼬、伶鼬在冬天的特点，只有“四条腿极长”一点不合——白鼬、伶鼬腿很短。小说家言常有所依据，又未必尽合乎现实。

扬雄《方言》：“貔，陈楚江淮之间谓之貅（lái），北燕朝鲜之间谓之䪻（péi），关西谓之狸。”郭璞注“貔”：“狸别名也。”注“䪻”：“今江南呼为䪻狸。”又注“狸”：“此通名耳。”又曰：“貔，未闻语所出。”总之其实“貔”“䪻”音近义通，“貅”“狸”亦音近义通，“貔狸”“貔”“狸”三词义则互通。《广雅》：“貔、狸，猫也。䝟，狸也。”据此，则貔又为豹猫*Prionailurus bengalensis*。但《方言》《广雅》之“貔”，恐非《尔雅》之“白狐”，亦非《尚书》之猛兽。

宋王辟之《渑水燕谈录》记载，契丹国出产一种“毗狸”，形似大鼠，四肢较短，甚是肥美，当地人特别爱吃，掘地猎取之，以供奉国王，爵位低下者无缘品尝。陆游《家世旧闻》记，陆佃（陆游的祖父）曾经从外国带回一些“貔”，陆宰（陆游的父亲）告诉陆游说：“我还记得貔的样子像大老鼠，甚是肥美，特别害怕日光，偶然被一小束光照到便会死。将貔肉放入锅中，能让一锅别的肉都很容易被炖烂。但外国人并不因此重视貔，只是觉得好吃。”（此事不见于陆佃《埤雅》）沈括《梦溪笔谈》卷二十五：“貔狸，形如鼠而大，穴居，食果谷，嗜肉，狄人为珍膳，味如豘子而且脆。”豘子即小猪。周密《齐东野语》卷十六“北令邦”条总结道：王辟之、陆游、彭乘几家的说法（时当两宋之际）略微有些不同，总之是同一种动物，“亦竹鼦（liú）、貛、狸之类耳”。周密又说：近世竟然没有听说有这种动物，向北方人询问，亦多不知。周密当宋元之际，去前说不过百十年。清焦循《毛诗草木鸟兽虫鱼释》卷十竟篡改周密之文曰：“毗狸即竹鼦。”（钱大昭《广雅疏义》、清钱绎《方言笺疏》又承焦循之误。）

王辟之等所说“豼”，《梦溪笔谈》《画墁录》《绀珠集》《诗话总龟》《类说》《韵语阳秋》等书亦记之，内容大同小异，今不详录。《本草纲目》以为此“豼狸”即黄鼠，又名礼鼠、相鼠、拱鼠，当即今松鼠科黄鼠属*Spermophilus*的赤颊黄鼠*S.erythrogenys*或长尾黄鼠*S.undulatus*。陆佃《埤雅·释虫》：“今一种鼠，见人则交其前足而拱，谓之礼鼠，亦或谓之拱鼠。”则陆佃实不名此物为豼。

但其实同为松鼠科的旱獭属*Marmota*动物也有类似黄鼠的行为习惯。旱獭即土拨鼠，在中国分布于黑龙江、内蒙古、新疆等地。古或称之为“紫猫”。黄汉《猫苑·种类》引王朝清《雨窗杂录》：“一种紫猫，产西北口，视常猫为大，毛亦较长，而色紫，土人以其皮为裘，货于国中。”黄汉又按：“今京师戏称紫猫为‘翰林貂’，盖翰林例穿貂，无力致者，皆代以紫猫，故有是称，颇雅驯也。”1898年

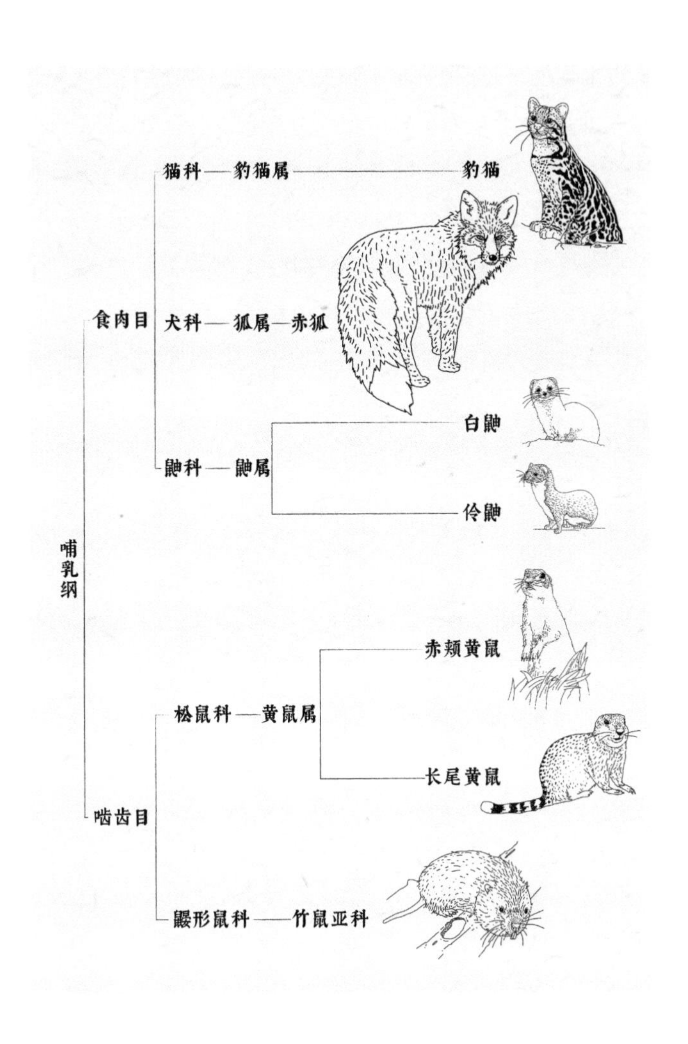

《“白狐之貔”的各种可能》
橘子绘

《申报》上的《蒙游纪略》记载，在内蒙古锡林郭勒盟（中国东北部）：“大道左右窟居狐貉，其孔小者居野鼠，背黄间灰，腹白，尾短；孔之略大者，狡兔之宅；其中者，紫猫之穴，紫猫食而不饮，交如人；其他则豺狼当道耳。”所谓“交如人”，即黄鼠的“见人则交其前足而拱”。

竹鼬则是竹鼠，今竹鼠亚科*Rhizomyidae*各种。竹鼠主要分布在我国南部各省，北方则甘肃、陕西，皆非在宋人所谓的契丹国。《说文》：“鼬，竹鼠也。”古又有“竹狸”“竹豚”等名。古人常以“猫”形容之。晋刘欣期《交州记》：“竹鼠，如小猫大，食竹根，出封溪县。”宋释赞宁《笋谱》：“竹根有鼠大如猫，其色类竹，名竹豚，亦名稚子。”

如此，则汉以后“白狐之貔”可指甚多物种。“白狐之貔”与“豹属之貔”又难以调和。总之《尔雅》“白狐之貔”断非《尚书》《礼记》之猛兽，亦恐非《诗经》中供皮之兽，大体先秦所谓“貔”皆是“豹属之貔”，即猞猁。

貙：云豹

《尔雅·释兽》：“貙（chū）獌（màn），似狸。”郭璞注：“今山民呼貙虎之大者为貙豻。音岸。”《尔雅》又言：貙似狸。”郭璞注：“今貙虎也。大如狗，文如狸。”

《说文》：“貙，貙獌，似狸者。从豸，区声。”又：“獌，狼属。从犬，曼声。《尔雅》曰：貙獌，似狸。”又：

“豻(àn),胡地野狗。从豸,干声。犴,豻或从犬。《诗》曰:宜犴宜狱。”大体古人言“貙”同“貙獌”“貙豻”是一物,为狸之同类;但言“獌”与“豻”是另外一物,为犬之同类。

又《说文》:“狸,伏兽,似貙。”“貚(tán),貙属也。”《尔雅》亦曰“猰貐类貙”,是古人譬喻多用此辞,说明貙在古代也是常见物。

春秋时期,宋人华貙,字子皮,见《左传》昭公二十一及二十二年。汉《苍颉篇》:“……熊罴,犀牦豺狼,貙狸唐豻,麢……”(《新见汉牍〈苍颉篇〉〈史篇〉校释》一图版·苍颉篇图版·第一八乙)这些也都说明了貙的常见。

《史记·五帝本纪》:“(黄帝)教熊罴貔貅貙虎,以与炎帝战于阪泉之野。”此文又见于《大戴礼》《新序》《论衡》等众多文献。古书中多以“貙”指猛兽,如苏轼“於菟骏猛不类渠,指挥黄熊驾黑貙”(《虎儿》),即用此黄帝之典。

古代天子于立秋之日射牲以祭祀宗庙之礼,名曰“貙刘”(又作“貙膢”,膢lú与刘字通),见《周礼》郑玄注及《后汉书》等。《后汉书·刘玄传》李贤注引《前书音义》曰:“貙,兽。以立秋日祭兽。王者亦此日出猎,用祭宗庙。”《汉书·武帝纪》颜师古注引苏林说略同,但“貙,兽”作“貙,虎属”。“刘”的意思是“杀”,“貙刘”这个词类似于“獭祭”,都是用动物的行为来表达人事。总之,貙之凶猛好杀，为古人所熟知。

晋代字书《字林》曰：“以立秋日祭兽，似狸而大。”（见《经典释文》）郭璞注《子虚赋》及张揖注《汉书》同（见《史记·司马相如列传》集解及索隐）。以上诸说尚且平实。

柳宗元有一篇寓言《熊说》，其中说到：“鹿畏貙，貙畏虎，虎畏熊。”寓言讲的是：有猎人上山效仿鹿鸣以吸引鹿，但鹿鸣也引来了貙，所以猎人又效仿虎啸以吓跑貙，虎闻同类之声而来，猎人又作熊声吓虎，熊来了就把猎人杀了。

古人又有种种怪说，如《博物志》有“貙人”，言江汉地区虎五指为貙，能化为人，兹不细论。

貙究竟为何物，晋唐间人虽尚能言，但北宋时人已经不清楚了，《埤雅》《尔雅翼》中相关章节多为含混不清的怪论。王闿运《尔雅集解》、尹桐阳《尔雅义证》以为是“舍利孙”（猞猁），郭郛《中国古代动物学史》又以为是虎鼬。

我认为，貙很可能是指今所谓云豹属的云豹*Neofelis nebulosa*。云豹的体型介于大型猫类（如虎、豹）与小型猫类（如豹猫、兔狲）之间，身上花纹亦与豹猫接近，是古书中所谓“大如狗，文如狸”“似狸而大”。云豹曾经广泛分布在今长江流域以南，但古籍中却缺乏其他明确记载。

金猫*Catopuma temminckii*似亦合乎以上特点，但金猫更为罕见，且毛色相对不稳定。

王世贞《香祖笔记》：“山水豹，遍身作山水纹，故名。”当即云豹。而云豹在古籍中更多地被称作“艾叶豹”。较早如清康熙年间周钟瑄的《诸罗县志》：“纹如艾叶者，曰艾叶豹。台谓之乌云豹。土产者稍大于犬，而无所害于人。或名之曰獐虎。”说的是台湾人也把艾叶豹叫“乌云豹”，诸罗（治所在今中国台湾台南县西南佳里镇）当地出产的艾叶豹体型比狗稍大，不会害人，又名“獐虎”。

又清乾隆间人朱景英的《海东札记》卷三《记土物》记载：“艾叶豹，斑驳可观，制裘者重直购之，然亦粗重不堪曳娄。”说的是台湾艾叶豹的花纹好看，做皮衣的人会花大价钱买来当原材料，但艾叶豹的皮既粗重又不禁拉拽。

连横《雅堂文集》：“石虎似豹而小，产于山中，一名艾叶豹。”其《雅言》亦言：“梅花鹿、艾叶豹，皆以纹名，台湾之珍兽也。……艾叶豹似虎而小，一名石虎，性猛，能杀人。”今台湾人将豹猫叫作“石虎”，但豹猫体型似家猫，远没有狗大，且不能杀人（前引《诸罗县志》作“无所害于人”，与连横说异）。此皆指今已绝迹于台湾的云豹。

艾叶豹在古代文献中并不罕见，《西游记》中便有“艾叶花斑豹皮帽”及“艾叶花斑豹子精”。孙悟空还说：“花皮会吃老虎，如今又会变人。”（第八十六回）似乎艾叶豹凶猛于虎。

清人小说《荡寇志》中狄雷外号“艾叶豹子”，但书中没有交待具体的得名原因。另外，清代学者梁章钜的《巧对续录》卷下记：有一个穷苦书生，以教书为生。一日雇主杀鸡设宴，但出了一个“芦花鸡”的上联，来难为书生。书生一时对不上来，因此颇为主人所轻，后来宴席不欢而散，不久书生便被辞退了。二十多年之后，书生仍耿耿于怀。这天有人送给他一件“艾叶豹”的皮褂，书生口念此三字良久，最后笑道：“二十年前之对来矣。”

又《尔雅·释兽》：“猰貐，类貙，虎爪，食人，迅走。”猰貐是古代传说中的神兽，形象多变，我们这里就不深入分析了。

蒙颂：獴

《尔雅·释兽》：“蒙颂，猱状。”郭璞注：“即蒙贵也。状如蜼而小，紫黑色，可畜，健，捕鼠胜于猫，九真、日南皆出之。猱，亦猕猴之类。”晋九真郡治所在胥浦县（今越南清化省东山县杨舍村），日南郡治所在西卷县（今越南平治天省广治西北广治河与甘露河合流处）。獴科有10个属，大部分分布在非洲和东南亚地区，我国1属2种，即獴属的红颊獴*Herpestes javanicus*和食蟹獴*Herpestes urva*，分布广东、海南、云南、广西等极南各省，红颊獴主要分布在我国。红颊獴昼出觅食，故海南方言称之为“日狸”。《明一统志》卷九十《外夷·安南》（安南即古代越南）“土产”条中便有“蒙贵”。

獴科动物在中国大部分地区罕见，以致古人对之有

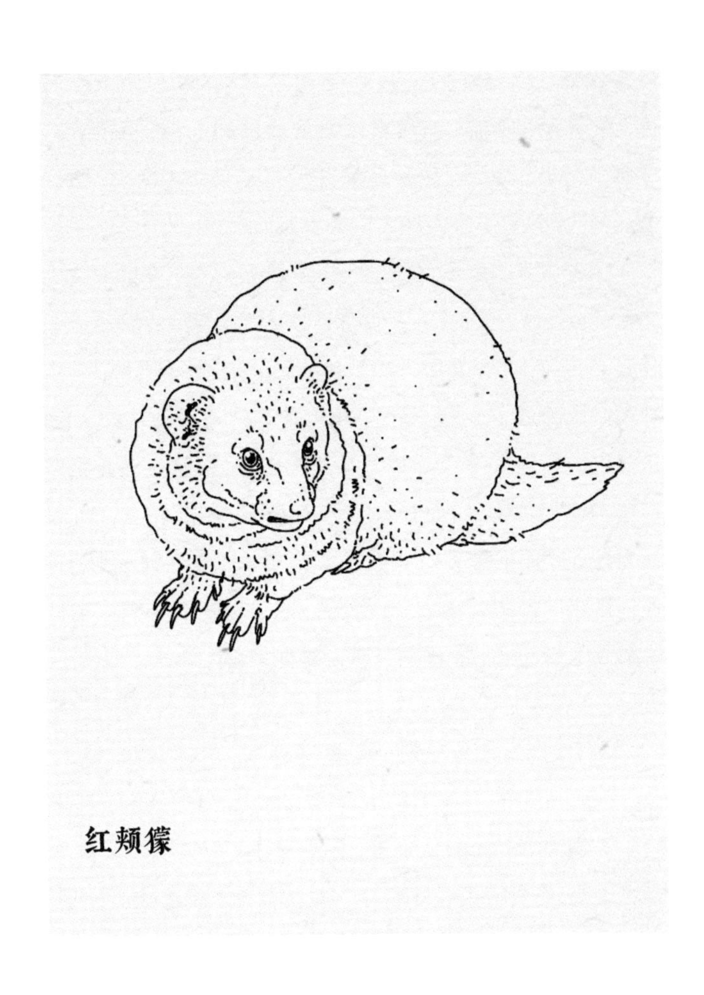

《红颊獴》
橘子绘

诸多误解。郭璞注的记述还是比较准确的，但后人却常将“蒙贵”当成猫。郭璞只说蒙贵捕鼠胜于猫，唐段成式《酉阳杂俎》却说“猫一名蒙贵”。但“猫一名蒙贵”之说书证甚少，只惹了古人许多笔墨官司而已。

“蒙贵”二字或又加犬旁。清屈大均《广东新语》卷二十一《兽语》载：“番人贵畜而贱人，视獴猜不啻子女，卧起必抱持不置，吾唐人因其所贵而贵之，亦何心哉！”当时人们认为暹罗（古代泰国）出产的獴猜“尤善捕鼠”，住在澳门的外国人擅长分辨其品质优劣，经常拿这些獴猜跟广东人交换货物。并且说外国人以家畜（宠物）为贵，却以人为贱，常常把獴猜看得比子女还亲，时时刻刻抱着。作者感慨当时因为外国人溺爱宠物，影响到一些中国人也开始溺爱宠物，认为这种事情让人难以理解。

狻麑：狮子

《尔雅·释兽》：“狻麑，如虦猫，食虎豹。”“虦猫”即浅色猫，“食虎豹”是形容其凶猛程度。郭璞注：“即师子也，出西域。汉顺帝时，疏勒王来献犎牛及师子。《穆天子传》曰：狻麑日走五百里。”

自郭璞以下，诸家多以为狻麑（后世多写作狻猊）即师子（后世多写作狮子）。郭璞之说似无据，但“美国汉学家谢弗指出，狻麑一词源自印度，公元前传入中国；师子一词源自伊朗，继狻麑东传数世纪后传入中国”（张之杰《狻麑、师子东传试探》，见《中国科技史料》2001年第4期）。

狻麑最早见于《穆天子传》卷一：“名兽使足，□走千里，狻猊□野马走五百里。”从文献中大概可知，西方有一种叫作狻麑的动物，跑得很快。《说文解字》引《尔雅》同今本，其他早期文献中则未见狻麑一词。

《尔雅》《穆天子传》二书之郭璞注，都说狻猊就是师子。师子即豹属的狮子*Panthera leo*，中国古籍中是指亚洲狮*P.l.persica*。狮子至少在汉代就已经传入中国。《汉书·西域传》记乌弋山离国（在今阿富汗西部之赫拉特）有师子，曹魏时学者孟康注曰：“师子，似虎，正黄，有髯耏，尾端茸毛大如斗。”早期都是写作“师子”，大约于唐代开始普遍出现“狮子”的写法，见吴彩鸾《唐韵》等。

东汉章帝章和元年（87）月氏国（约在今新疆伊犁河流域及其以西一带）、二年（88）安息国（今伊朗），和帝永元十三年（101）安息国，顺帝阳嘉二年（133）疏勒国（都城在今新疆喀什市一带），三个西域国家凡四次进献狮子到洛阳，《东观汉记》《后汉书》等书中有相关记载。相对于家猫的传入而言，正史反映出来的是人们对狮子明显更加重视。

中国一直没有原产的狮子，民间少见，以至于狮子被国人当作祥瑞（或说宠物），刻作石像放在大门前。而“狻猊”索性被一些人传为另外一种神兽，明李东阳《怀麓堂集》卷七十二《记龙生九子》:“狻猊,平生好坐,今佛座狮子是其遗像。”

《西游记》“钉耙会”一段书中(见第八十九及九十回),黄狮精之外,九灵元圣(九头狮子精,太乙救苦天尊的坐骑)手下有六个“杂毛狮子”,分别是猱狮、雪狮、狻猊、白泽、伏狸、抟象。黄狮精的原形最接近普通的狮子。猱狮是一种小狮子,形似小狗,但凶猛异常,见元陶宗仪《南村辍耕录》。雪狮是藏族神话中出没于雪山间的绿鬃白身的狮子,参英国罗伯特·比尔《藏传佛教象征符号与器物图解》第六章。狻猊当即龙所生者,而非普通的狮子。白泽本是一种能知天下怪兽名字的神兽,这里硬说成是一种狮子。抟象指一种能够猎杀大象的狮子,见南朝宋时期宗炳《狮子击象图序》(《初学记》二九引)。

这里细说一下“伏狸”。此名除《西游记》,似乎别无所见。李天飞以为此“伏狸”是“据《博物志》卷三所记神兽而造的狮子之名”,注引《博物志》:“魏武帝伐冒顿,经白狼山,逢狮子。使人格之,杀伤甚众,王乃自率常从军数百击之,狮子哮吼奋起,左右咸惊。王忽见一物从林中出,如狸,起上王车轭,狮子将至,此兽便跳起上狮子头上,即伏不敢起。于是遂杀之,得狮子一。还,来至洛阳,三十里鸡犬皆伏,无鸣吠。”(李天飞校注《西游记》,中华书局2014年版)此说固然有一定道理,但不足以为定论。

颇疑《西游记》之“伏狸”来自“佛狸”。《博物志》此文提到的“魏武帝”，即北魏太武帝拓跋焘，其小字“佛狸”本是突厥语“狼”的意思。以“佛狸”指一种与拓跋焘无关的动物，这种现象在古籍中很少出现。南宋人楼钥《攻媿集·北行日录下》：“殿上铺大花毡，中一间又加以佛狸毯。”似乎是以“佛狸”指猫。《郭嵩焘日记》（同治八年六月十七日）：“佛狸不捕鼠而善盗肉，毁窗际所置瓶盎。”则明确以“佛狸”指家猫。俗以“佛狸”为兽，狮子又是佛教文化中常出现的猫科动物，所以《西游记》的作者便强行将“佛狸”写成是一种狮子。这一点在罗汉图上的小狮子偶尔被画成宠物猫的形象上，可以得到佐证。

狮子又名为“犼”。

《西游记》“朱紫国”一段书中的“赛太岁”，与《封神演义》四象阵所降之“金光仙”，皆为观音菩萨（慈航道人）之坐骑“金毛犼”，《聊斋志异·菱角》亦以“金毛犼”暗示与观音相关内容。总之，古籍中所谓“金毛犼”，实源自观音坐骑传说。所谓“金毛”，源自狮子毛色金黄；所谓“犼”，实为“吼”之俗字（此物文献中实多作“吼”），源自佛教常用“狮子吼”比喻佛法之坚定有力而无所畏惧。其他如金毛犼之高大，之能出烟火制敌，亦与狮子有关。明代传说龙生九子，有金猊“形如狮，好烟火，故立于香炉”，金猊即狻猊，实即狮子。观音常无坐骑，只坐莲台，而文殊菩萨有金狮（后传为青狮），普贤菩萨有白象，所以人们利用密教部类经典中有观音“乘白师子座”“左足屈

沧州铁狮子老照片

在师子项上”的文字，又为避免与文殊金狮相同，因而创造出了“金毛犼”这样一种怪兽名号。（参李天飞《号令群神》）宋《集韵》中所谓“似犬”的北方之兽“犼”，则是另外一种罕见怪兽，仅与实指狮子的“犼”同名而已。

我沧州有铸造于五代时期的铁狮子，闻名遐迩，故沧州又称“狮城”。有一天我去市区开会，看到会场上摆放的铁狮子模型，忽然领悟：“原来我来自大猫之城！”沧州铁狮子身上自带铭文曰“狮子王”，但近来有人称之为“镇海吼”。“镇海吼”之名古无所见，然亦能合于古以狮子为犼之说。

《本草纲目》里的七种“狸”

绝大多数古书中所谓“猫”即“狸”，亦即今豹猫属的豹猫*Prionailurus bengalensis*，唐以后始多以“猫”指家猫*Felis silvestris catus*，“狸”指野猫。此论前文已申之甚详。然而我国所谓“野猫”，即类似豹猫*P.bengalensis*和家猫*F.s.catus*的动物，其实还有很多种。

李时珍《本草纲目》“兽部”分“畜类”“兽类”“鼠类”“寓类”“怪类”等五类（卷五十及五十一），猫被归入“兽类三十八种”（而非像狗一样被归入“畜类”），有“猫（家狸）”“狸（野猫）”两种。“猫”前一种是“灵猫”，“狸”后一种是“风狸”。“猫”便是家猫，“狸”被细分为“猫狸”“虎狸”“九节狸”“香狸”“牛尾狸”“玃”“海狸”等七种。从这有些混乱的分类中，我们可以看出在古人认知中：一、猫与狗等家畜有着较大区别；二、“狸”“猫”就是类似豹猫或家猫的小型食肉动物的统称。

李时珍描述家猫道：“猫，捕鼠小兽也，处处畜之，有黄黑白驳数色。狸身而虎面，柔毛而利齿。以尾长腰短，目如金银，及上腭多棱者为良。”（《本草纲目》卷五十一）以下尚有如“猫眼定时”“夏至鼻暖”“死猫引竹”种种怪谈，兹不俱引（参考拙著《猫奴图传》之《奇怪的知识——

中国古代有关猫的“物理”》)。

李时珍描述野猫，引陶弘景曰：“狸类甚多，今人用虎狸，无用猫狸者。”(此说可参验于唐《新修本草》卷第十五)又引苏颂曰：“狸，处处有之，其类甚多。以虎斑文者堪用，猫斑者不佳。”似乎可以说明早在南北朝和北宋时期，人们已经明确认识到野猫有很多种。然细究起来，李时珍所描述的七种野猫，颇难考辨具体是何物，尤其是前三种。

一、猫狸：金猫、云豹、豹猫

李时珍谓猫狸“大小如狐”，而赤狐的体长有70cm左右，约为豹猫的两三倍。又说：“毛杂黄黑，有斑如猫，而圆头大尾者，为猫狸，善窃鸡鸭，其气臭，肉不可食。”今有体型中等、长尾花斑的金猫*Catopuma temminckii*符合以上条件。金猫本有花斑、无斑两种色型，而花斑色型更常见，广泛分布于中国南部。又，古书中常见“金猫”一语，但多指“黄金做的猫”或“金色的猫”，偶指黄鼬(见钱绎《方言笺疏》卷八“貔”条引苏州方言)，未见有指今所谓金猫*C.temminckii*者。此“猫狸”也有可能指云豹*N. nebulosa*，前文已证古人或称云豹为貙。

若改“大小如狐”为“大如小狐”，则李时珍此处所说当为豹猫。李时珍笔下七种“狸”(野猫)中没有广泛分布

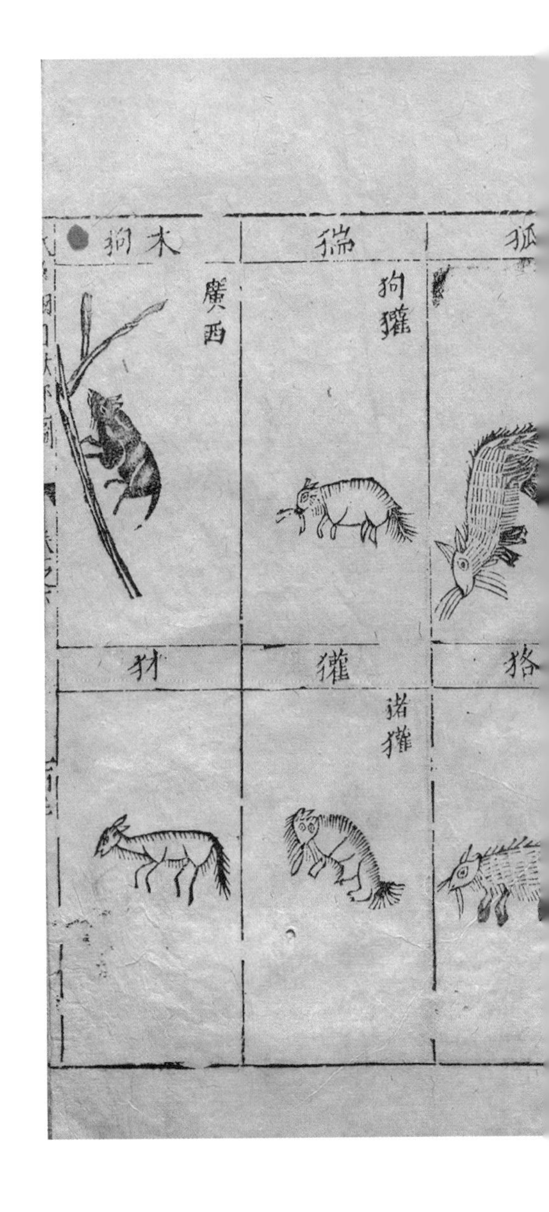
木狗
廣西
猯
狗獾
狐
豺
獾
猪獾
貉

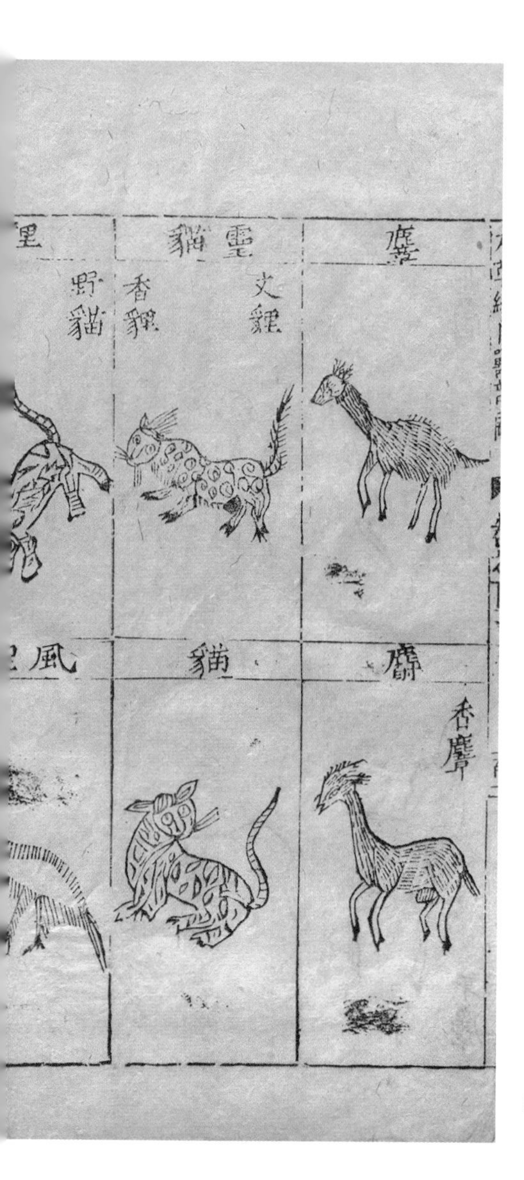

《本草纲目》卷首插图
明万历二十四年（1596）
金陵胡成龙刻本

在中国的豹猫，是一件十分不合理的事情。后文所说皆非豹猫，仅有此处疑是。

《唐本草》："狸类又甚多，今此用虎狸，无用猫者。猫狸亦好，其骨至难别，自取乃可信。"说到猫狸的骨头与家猫的骨头很难区别，只有亲自杀猫狸而取得的骨头才是可信的。可知"猫狸"与"猫"（家猫）差别比较小，"猫狸"不会是体型较大的金猫或云豹，只能是豹猫。

二、虎狸：小灵猫

李时珍："有斑如貙虎，而尖头方口者，为虎狸，善食虫鼠果实，其肉不臭，可食。"（前文已明貙虎当指云豹）从形态及食性来看，此"虎狸"应该是指小灵猫属的小灵猫*Viverricula indica*。小灵猫身具斑纹，略合于"有斑如貙虎"，然而小灵猫之斑又不同于云豹之斑；嘴吻尖突，合乎李时珍所谓"尖头"，只是"方口"不甚可解；食性以鼠类等动物为多，也有很高比例的昆虫和果实，合乎"善食虫鼠果实"。

"猫狸"和"虎狸"这两个词，在古代文献中都非常罕见。[①]以陶弘景、李时珍的语气推测，此二物当极常见，则其为豹猫、小灵猫的可能性更高。黄复生《中国古代动

① "猫狸"短语常见于佛经等文献，表示的是"家猫和野猫"，并非李时珍所谓"猫狸"这个特定物种。

物名称考》亦无此二条目。[1]古代方志中有以下两例：

清《香山乡土志》（清代香山县为今广东中山市）卷十四“天产脊椎动物哺乳类”：“狸，似猫而头尖。豹狸，毛色如金钱豹，肉香美，益人。猫狸善窃食鸡鸭。”此“豹狸”当即李时珍所谓“虎狸”，“毛色如金钱豹”正验李所谓“有斑如貙虎”。

清李调元辑《南越笔记》（此南越指广东）卷九“香狸”条：“有猫狸，文如锦钱。有火狸，毛色如金钱豹，其钱差大，岁久化为豹。有藤狸[2]，生长藤间，食藤实，而多倒挂。”此“火狸”亦当即李时珍所谓“虎狸”。

三、九节狸：小熊猫、大灵猫

李时珍：“似虎狸而尾有黑白钱文相间者，为九节狸，皮可供裘领。”此物当即大灵猫属的大灵猫*Viverra zibetha*，大灵猫（又名麝香猫）尾部有5到6条黑白环纹；又有可能是指小熊猫科的小熊猫*Ailurus fulgens*，其尾部具有12条红暗相间的环纹，四川民间又称之为“九节狼”。

李时珍又说：“《宋史》安陆州贡野猫、花猫，即此二种也。”此文有误，所谓《宋史》或是《国史》之讹。安

① 其“豹猫”下有“狸猫”之目，引清姚炳《诗识名解》卷六。考《诗识名解》实作“猫狸”，其文即暗引自李时珍。

② 藤狸当为巨松鼠*Ratufa bicolor*。

《大灵猫与小灵猫》
橘子·绘

陆州，明洪武九年（1376）改安陆府置，治所在今湖北省钟祥市。其文亦不出自《宋史》，却可见于《明一统志》卷六十六《兴都·安陆州·土产》，其文为“绵花，漆，麂，野猫，花猫”，且自注曰：“麂及野猫、花猫皮皆岁输贡（岁输贡，即每年进贡）。”

明黄仲昭《八闽通志》记福建省多地（长汀县、宁化县、连城县、归化县）进贡有“九节狸皮”，清黄廷桂《四川通志》“长寿县”，民国吴栻《南平县志》（四川南平），则记四川出“九节狸”。

小熊猫今分布于四川、西藏、云南部分地区，湖北、福建则不见。观此，可知文献中的“九节狸”更有可能是指大灵猫。今福建永定下洋方言中的“五段子”“七段子”，似亦指大灵猫。

但小灵猫、大灵猫在古代又更有可能被统称作“香狸”“香猫”“灵狸”“灵猫”，而非“虎狸”和“九节狸”。明明小灵猫的尾部也有7到9条暗褐色环纹，为何古人忽视两者明显的体型差异，而去描述其相差不远的尾部呢？

四、香狸：小灵猫、大灵猫

李时珍：“有文如豹，而作麝香气者，为香狸，即灵猫也。”《本草纲目》前文“灵猫”有专门条目。此物又称作香猫、灵狸、麝香猫。李时珍又以为即《离骚注》之“神狸”，恐非。[①]中国境内最常见的有大灵猫属的大灵猫*Viverra zibetha*和小灵猫属的小灵猫*Viverricula indica*，此二种灵猫科动物皆分布于秦岭淮河以南。尚有大灵猫属的大斑灵狸，灵狸属的斑灵狸，还有椰子狸属的椰子狸，此三种灵猫科动物皆分布于中国极南或极西南的广东、云南等地，古籍中未见明确记载。古人所谓的“香狸”，更有可能是指小灵猫，其次是大灵猫。小灵猫（体长46~61cm）体型稍大于家猫，大灵猫（体长60~80cm）体型则接近于狗。

《山海经》中“自为雌雄”的“类”即此物。《山海经·南山经》“亶爰之山”条云：“有兽焉，其状如狸而有髦，其名曰类，自为牝牡，食者不妒。”大灵猫背脊上有一条纯黑色的粗硬鬣毛组成的脊鬣，有时能竖起，此即所谓“有髦”。其香腺长在会阴部，有似睾丸，雌性亦有，所以会被误认为是“自为牝牡”。“灵猫”一名较早的辞例出现在《尔雅翼》引《异物志》：“灵猫其气如麝。”此《异物志》作者可能是东汉的杨孚，也有可能是后来仿作者。

艾儒略《职方外纪》言，利未亚（非洲）南部有一个国家名叫马拿莫大巴（莫诺莫塔帕帝国），其地出一种如猫之兽，名亚尔加里亚（小灵猫*Viverricula*），“尾后有汗极

① 李时珍：“此即《楚辞》所谓‘乘赤豹兮载文狸’，王逸注为神狸者也。”按今本王逸《楚辞章句》仅曰：“言山鬼出入乘赤豹从文狸，结桂与辛夷以为车旗，言其香洁也。”未有“神狸”之文，且所谓香为草木之香，与兽无关。考《文选》李善注引作“神狸”，但其香亦当为草木之香。此处明显为李时珍据《文选注》而误会。《猫苑》不达，竟承此误。

香，黑人阱于木笼中，汗沾于木，干之，以刀削下，便为奇香。”《坤舆外纪》《坤舆图说》《海国图志》说略同。《衔蝉小录》卷一称此为“麝脐猫”，并说：“余家畜一猫，毛色虎斑，腹下有膜囊如麝脐，甚辟鼠，后生数子，亦有类其母者。”

小灵猫之毛可制笔，台湾或称之为“笔猫”。清沈茂荫《苗栗县志》卷五：“七段狸，即《淡水厅志》所谓‘山猫’者也。耳短、口尖而异于猫。毛可作笔；又或作笔猫。”

清《香山乡土志》卷十四“天产脊椎动物哺乳类”：“香狸，一名果子狸，喜食果，肉甘香，酿酒良；其毛可为笔。”

清李调元辑《南越笔记》卷九“香狸”条：“南越有狸无狐。雷州产香狸，所触草木生香，脐可代麝。《本草》称灵猫，自为牝牡者也，亦名果狸。其食惟美果，故肉香脆而甘。秋冬百果皆熟，肉尤肥。香狸外有玉面狸，白面，红爪，牛尾，亦食果，饭则以水淘淡乃食。”

观上两条材料，可知古人认知中的小灵猫和果子狸的概念是模糊的。

又清文廷式《新译列国政治通考》卷百十一记各种兽皮，中有“臭猫”“美国臭猫”。《吴友如画宝·中外百兽图》中亦有“臭猫”。其物即臭鼬科*Mephitidae*各种。《新译列国政治通考》又言及“狲猫”“黄佛狸”“雪鼻猫”等，别无所见，亦未详所指（后两种疑为宠物猫）。

《果子狸》
橘子绘

五、牛尾狸：果子狸

李时珍：“南方有白面而尾似牛者，为牛尾狸，亦曰玉面狸，专上树木食百果，冬月极肥，人多糟为珍品，大能醒酒。”此“牛尾狸（玉面狸）”当即今灵猫科花面狸属的花面狸*Paguma larvata*，亦即果子狸。此物南方多见，但最北可见于北京、山西等地，是我国分布区域最广的灵猫科动物。福建永定下洋方言中的“白额狸”，亦即此物。

古人常食之（今已禁食），所谓“狸肉入食，猫肉不佳，亦不入食品”的“狸”当是偏指果子狸。《随园食单》：“果子狸，鲜者难得。其腌干者，用蜜酒酿，蒸熟，快刀切片上桌。先用米泔水泡一日，去尽盐秽。较火腿觉嫩而肥。”古人相关题咏非止一二首，如苏东坡有《送牛尾狸与徐使君》[1]诗：

> 风卷飞花自入帷，一樽遥想破愁眉。
> 泥深厌听鸡头鹘[2]，酒浅欣尝牛尾狸。
> 通印子鱼犹带骨，披绵黄雀漫多脂。
> 殷勤送去烦纤手，为我磨刀削玉肌。

① 自注：时大雪中。

② 自注：蜀人谓泥滑滑为鸡头鹘。

李时珍引张揖《广雅》云："玉面狸，人捕畜之，鼠皆帖伏不敢出也。"此文实不详所出，绝不可能出自三国时期成书的《广雅》，驯养果子狸捕鼠之事亦别无所见。早期"玉面狸"之称，可见于两宋之间李纲的《梁溪集》，宋末元初的《武林旧事》等文献，唐前未闻。

六、狨：香鼬

李时珍："一种似猫狸而绝小，黄斑色，居泽中，食虫鼠及草根者，名狨。"此字李时珍自注音迅，依《唐本草》及《广韵》则音信。《唐本草》言此物："色黄而臭，肉亦主鼠[①]，及狸肉作羹如常法并佳。"《广韵》言此物："小兽，有臭，居泽，色黄，食鼠。"今有鼬科鼬属的香鼬*Mustela altaica*庶几近之。香鼬古或称香鼠。宋范成大《桂海虞衡志》："香鼠，至小，仅如指擘大，穴于柱中，行地中，疾如激箭。""疾如激箭"即"迅"，转写为"狨"。香鼬似黄鼬而小，是灭鼠能手。背毛黄，是"色黄"而非"黄斑色"。多生活在草原地区，但有时也生活在水草丛杂处。

至于《广韵》说此物"有臭（嗅）"，应该是指有香味。明末清初人周亮工的《书影》卷五记，密县（治所在今河南新密市东南三十里）西山中多香鼠："死则有异香。盖

① 主鼠，此处当指鼠瘘病。

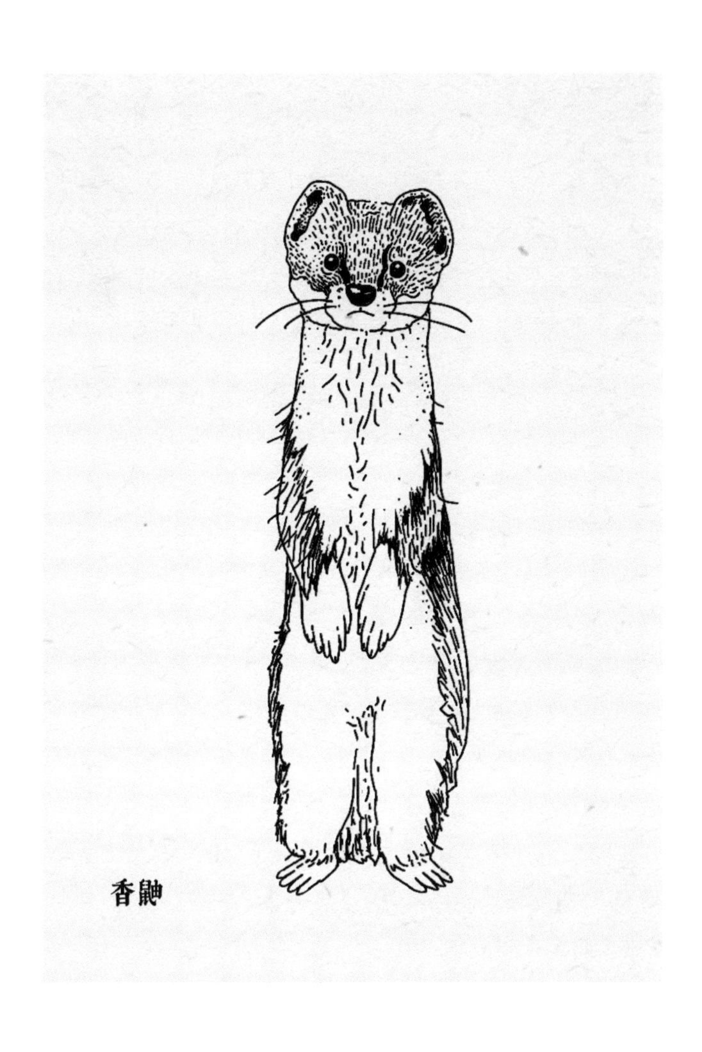

《香鼬》
橘子绘

山中之鼠，多食香草，亦如獐之有香脐也。”并说当地山民经常捕来充当官税。人抓到香鼠之后将之放入箱柜中，整年都能保持香气。周亮工曾获得几只香鼠，带到金陵（南京），戏问其次子周在扬：“尸体腐败之后都发臭，为何此物独香？”周在扬回答道：“这个香味正是它的尸臭。”周亮工非常赏识周在扬，没料到周在扬却夭折在外，以致“拈笔记此，不禁潸然”。

七、海狸：海狮等（水猫附）

李时珍：“又登州岛上有海狸，狸头而鱼尾也。”此即海豹、海狮之类，详前文。

明戚继光《止止堂集·愚愚稿下》：“海猫食鸟。猫常假死，浮于水面。海鸟见之，以为死猫，立于身上欲啄之，而猫乃坠鸟于波中，食之。”似指水獭。据《汉语方言大词典》，今云南新平称水獭为“獭猫”，贵州大方称为“潭猫”，安徽绩溪称一种生活在鱼塘边善于偷鱼的小动物（实当即水獭）为“察猫”。克非《山崖下的火堆》：“水獭，乡间人叫鱼猫子。”此四川成都方言。成都人又以“鱼猫子”指鱼鹰。清杨甲秀《徒阳竹枝词》：“鱼虎由来好食鱼，相残同类竟何如？春深竟有成龙者，飞出重渊气自舒。”原注：“鱼虎出州西紫石关等处，性嗜鱼，俗名鱼猫子。”（转自《四川方言词源》）

敦煌卷子《伍子胥变文》：“乌鹊拾食遍交横，鱼龙踊跃而撩乱。水猫游挞（獭）戏争奔，千回不觉长吁叹。”这里的“水猫”，大概只是水兽的泛称。“水猫”一语在古书中甚少出现。清李元《蠕范》卷四：“獭，水狗也，水猫也，似狐而小……”清王培荀《听雨楼随笔》卷六：“（蜀中）更有水猫捕鱼。水猫形如鼠，头如猫，尾大宽数寸，大者重八九斤，小者三四斤。”所言即獭。民国《江津县志》《南川县志》等亦言“水猫子”即獭。（参考《四川方言词源》）古书中又有“水豹”之名目，见于《蜀都赋》《西京赋》《南都赋》等汉代文献，其物恐亦为獭。

明李辅《全辽志》卷四《方物志》“鳞类”：“蛎、海蛰、海猫。”明任洛《辽东志》、清冯昌奕《宁远州志》、杨镳《辽阳州志》、刘源溥《锦州府志》略同。至今辽宁大连等地仍捕海猫以做酱，其物大概就是火枪乌贼*Loligo beka*。名之为“猫”，大概是由于其头大眼圆。

虎豹

白虎

《尔雅·释兽》："虦（hán），白虎；虪（shù），黑虎。"

白色或黑色的虎，在自然界中很少见，如果出现，也是正常虎的变异，并非特定的物种，似乎不应该有专用的词或者字来表示，历史上"虦""虪"这两个词也确实很少有实用的情况。但关于变异虎个体的记载，在历史上却并不罕见。

早在《山海经》中，就已经写道："北海之内有山，名曰幽都之山，黑水出焉。其上有玄鸟、玄蛇、玄豹、玄虎、玄狐蓬尾。""玄虎"即黑虎。这条记述尚可认为并非实录，因为它有明显的理念化倾向——北方的山是黑的，水是黑的，各种动物都是黑的，这明显是出于想象。

据郭璞《尔雅注》，晋永嘉四年（310），荆州建平秭归县（今湖北秭归）山民捕获一兽，"状如小虎而黑，毛深者为斑"。这大概是真正人们发现的黑色变异虎。自然界中罕见黑虎，黑色的豹倒是相对常见，郭璞所记可能是黑豹。

《山海经·西山经》"盂山"："其兽多白狼、白虎，其鸟多白雉、白翟。"又"鸟鼠同穴之山"："其上多白虎、白玉。”白虎出于西方，或许也是人们受五行思想影响而臆想出来的。

《汉书·宣帝纪》等记载，元康四年（前62）南郡（治所在江陵县，即今湖北江陵）献白虎。其后汉元帝经略西域，亦“受白虎威胜之瑞”。而据《宋书·符瑞志》记载，自汉元康四年至南朝宋孝建三年（456）凡五百余年内，白虎计27次现诸人间。

驺虞

实际自然界中的“黑虎”更常见，尤其是黑色的金猫和豹。在古文献的世界中，白虎却比黑虎流行。这除了受五行思想中“白虎”的影响，还跟“驺虞”有很大关系。《毛诗传》：“驺虞，义兽也。白虎黑文，不食生物，有至信之德则应之。”陆玑《毛诗草木鱼虫疏》更是加上“尾长于身”“不履生草”等设定，后世遂广传驺虞为白虎。事实上，非但《诗经·召南》之“驺虞”并非兽类（详皮锡瑞《驳五经异义疏证》卷三），驺虞本来也不是“白虎”。

驺虞（驺吾）最早见于《山海经·海内北经》，其文曰：“林氏国有珍兽，大若虎，五彩毕具，尾长于身，名曰驺吾，乘之日行千里。”只是说“大若虎”，是否虎形还不是十分确定；说“五彩毕具”，没有说是“白身黑文”；没有“不食生物”，更不具备仁、义、信等德，只是“乘之日行千里”的“珍兽”，而非“义兽”。

其后《周书·王会篇》记载了央林国进献有“酋耳”之兽：“酋耳若虎，尾参于身[1]，食虎豹”，明确说“若虎”，以为猛兽，未记毛色。再以后《尚书大传》大体用《山海经》之说，但稍变“珍兽”为“怪兽”，又说“大不辟（避）虎狼”，实以为猛兽，仍未记毛色。最后至《毛诗传》，驺虞就变成了“义兽”“白虎”了。

《尔雅》无“驺虞”，不用《毛诗传》此说。

怪虎

虎本来是人们熟知的动物。今所见古文字中没有确切的“猫”字，但“虎”字和以“虎（或虍）”为偏旁的字却大量出现在早期的甲骨文、金文中。古人应该是对“虎”熟悉到无需解释，以至于《尔雅》中没有正经关于“虎”的词条，却很多词条涉及“虎”。“虎杖”“虎櫐”这种，都是因为植物外皮花纹似虎纹；“暴虎，徒搏也”“貙貐，虎爪”“狻麑，食虎豹”“驳，食虎豹”等，则从侧面表现了虎的凶猛。

《尔雅》中只正面说到“虥”“虪”这两种特别的虎。

《山海经》中“虎”字出现63次，仅次于“蛇”（114

① 参同三，句谓尾巴是身体的三倍长。

次），是出现频次第二高的《山海经》动物（“鸟”“兽”二字不计，以其为大类）。《五藏山经》中九山“其兽多虎”，《大荒经》中八言“虎豹熊罴”。似虎之兽除了上面说到的“驺吾”，还有“彘”“独狢”“罗罗”“开明”“穷奇”和“天吴”。

《南山经》“浮玉之山”：“有兽焉，其状如虎而牛尾，其音如吠犬，其名曰彘，是食人。”《北山经》“北嚣之山”：“有兽焉，其状如虎而白身，犬首，马尾，彘鬣，名曰独狢。”《海外北经》：“有青兽焉，状如虎，名曰罗罗。”此皆不可解。

《海内西经》：“开明兽，身大类虎而九首皆人面，东向立昆仑上。”《海内北经》：“穷奇状如虎，有翼，食人从首始，所食被发，在蜪犬北。一曰从足。”《大荒东经》：“有神人，八首、人面、虎身、十尾，名曰天吴。”此皆显然出于想象，唯此开明、穷奇、天吴三虎形神兽皆较为知名。

虎名

虎在历史上异名甚多，常见的如“大虫”（始见于唐李肇《国史补》），又如“於菟”“李耳”“山猫”“大猫”等。

《左传·庄公四年》记载，楚国贵族斗氏的始祖斗伯比流落郧（yún）国（地当今湖北省安陆市）时，与郧国公主私通，生下一个小孩。这个小孩被国君夫人丢弃在云梦泽中，靠虎奶活了下来。后来国君郧子到云梦泽打猎，见到了虎乳人子。郧子在惊惧之中回宫，对夫人说起这一经历，夫人才告诉郧子，那孩子是他女儿生的。可能是出于骨肉情深，也可能是觉得这孩子“大难不死，必有后福”，这家人又接回了这个小孩，而且郧子正式将女儿嫁给斗伯比。楚人称哺乳为“穀（gòu）”（又通作“穀”“彀”），称老虎为“於（wū）菟（tú）”（又通作“乌涂”“於檡”“乌䖘”“顾菟”等），因此人们给此斗氏幼子起名“穀於菟”。这就是后来楚国春秋史上名声不亚于孙叔敖的大臣令尹子文。

顺便一说，斗伯比还有一个小儿子叫子贞，在楚国任司马。司马子贞之子伯棼（或作“伯贲”）因谋反被杀，伯棼之子由楚奔晋，被晋封在“苗”这个地方（今河南济源西南），史称此子为“苗贲皇”（或作“苗棼皇”），是为苗氏之始祖。唐代小说《东阳夜怪录》中猫怪苗介立自称：“天生苗介立，斗伯比之直下[1]。得姓于楚，远祖棼皇。”即本于此。

西汉南方又称虎为“李耳”。扬雄《方言》：“江淮南楚之间谓之李耳。”李时珍《本草纲目》以为“李耳”正字当作“狸儿”，狸猫儿子的意思，并说当时南方方言里的称呼就是这个意思。

① 直下，直系后裔。

唐高祖之祖父名叫李虎，所以唐人讳虎字，当时文献中偶尔可以看到用“於菟”来替代“虎”字的情况。《北史·赵仲卿传》“时人谓之於菟”，其“於菟”即“虎”。又如《旧唐书·礼仪志第四》“五方之水墉、坊、邮表畷，五方之猫、於菟”一语，即显然用《礼记·郊特牲》而变“虎”为“於菟”，又如讳“银虎符”作“银菟符”（见《旧唐书·舆服志第二十五》）。又如讳“银印虎纽”作“银印菟纽”（见《隋书·礼仪志第六》）等。《宋史·礼志第六》：“又《郊祀录》《正辞录》《司天监神位图》皆以虎为於菟，乃避唐讳，请仍为虎。”所以唐代之后，“於菟”代“虎”渐多。至北宋，遂有曾几“烦君为致小於菟”（《赠猫二首》）以“小於菟”指猫。但“小於菟”仍可用本义为小虎。如苏轼《将至筠先寄迟适远三犹子》：“夜来梦见小於菟，犹是髡髦垂两耳。”自注：“远小名虎儿。”苏辙之子苏远，以甲寅年生，故小名虎儿，苏轼在诗中称之为“小於菟”。

清顾栋高《毛诗类释》卷十七：“今世山中有虎能伤人畜，人呼为山猫。”是虎有“山猫”之异名。《西游记》第十三回《陷虎穴金星解厄　双叉岭伯钦留僧》：“伯钦道：长老休走，坐在此间。风响处，是个山猫来了，等我拿他家去管待你。”此“山猫”即虎。《禅真逸史》第二十回亦有同样称呼。但“山猫”字面意思仍是“山中的猫”，以之为虎其实是对虎的蔑称、戏称。

类似的词还有“大猫”。《小五义》第六十一回《因打虎巧遇展国栋 为吃肉染病猛烈人》：“韩天锦说：哈，你们瞧，好大的猫！大猫！大猫！你们这里瞧来罢，好的大猫！卢珍说：大哥哥，那不是猫，是个老虎。”后文展国栋仍称虎为“猫”。《彭公案》第二九三回《纪有德再探木羊阵 闪电神截路战英雄》：“纪有德一听这人好浑，竟说老虎是大猫。”《走马春秋》第四回，土地公“变做一只金睛白额虎”，孤存太子看到后的想法是：“是什么东西？王官内院并亚父府中，都没有这般大这个物件，会拿耗子的，不想山里头有这等大猫。”据《汉语方言大词典》，湖南双峰民间称虎为“山猫猊”，1935年《云阳县志》言四川云阳民间称虎为“大头猫”。

民间因畏虎凶恶，所以讳言“虎”字，而以“猫”字代替。虎姓常读“猫”音。云南武定县有一个镇，每逢寅日赶集，所以在清康熙二十七年（1688）被知府命名为“虎街”，但民间却称之为“猫街”，后1951年设猫街区，1987年设猫街镇，“猫街”之名被正式承认。类似的情况还出现在广西西林县、云南禄丰县、云南牟定县，皆有寅日而市的“猫街”镇或村。又因讳“虎”而避音近的“腐”“府”字，湖南方言中所谓“猫乳”实即“腐乳”，“猫正街”实即“府正街”，四川方言“红灰猫儿”指的其实是用辣椒包裹贮存的干豆腐，“米灰猫儿”“灰猫儿”指用米粉制成的一种类似豆腐的食物。（说参周振鹤、游汝杰《方言与中国

文化》第八章）

与讳虎为猫类似的，还有讳兔为猫。兔子不易分辨雌雄，《木兰辞》所谓“双兔傍地走，安能辨我是雄雌”，故民间以“兔子”“兔儿爷”指供男子玩弄之男子，即娈童、相公。《红楼梦》第七十五回：“嗔着两个娈童只赶着赢家不理输家了，因骂道：你们这起兔子，就这样专洑上水[①]。”因而讳兔为猫。《红楼梦》第五十三回“野鸡、野猫各二百对”之“野猫”本或作“兔子”，义通。北京官话、冀鲁官话、中原官话、西南官话中，皆有将兔子称作“野猫”的现象。辽宁锦州称兔子为“跑猫子”，内蒙古巴林左旗称“山猫儿”“家猫儿”，浙江青田称“猫兔”，天津则称兔子肉为“猫儿肉”。

彪

“彪”字本义是虎身上的花纹，字从虎从彡（shān），是一个典型的会意字。可借喻文彩，引申指虎。如庾信《枯树赋》：“熊彪顾盼，鱼龙起伏。”“彪”本或作“虎”。又如《史记》中著名的“卞庄刺虎”，在《北史》中写作“卞庄刺彪”（此亦避唐讳之故）。用事物的特点表示事物本体，这种修辞方法叫作借代。彪即虎，本甚明白。然而部

① 起，量词。洑上水，指趋炎附势。

[元]佚名《十虎三彪图》(局部)

分古字书（如《增修互注礼部韵略》《古今韵会举要》《洪武正韵》等）中言“彪”或有“小虎”义，则非实情。如“彪悍”“彪壮”“彪形大汉”之“彪”，显然不是“小虎”。可是古书中也确实存有异说。

李肇《唐国史补》卷上“裴旻遇真虎”条记载：唐玄宗时，诏以裴旻剑舞、李白歌诗、张旭草书为三绝。此裴旻大约与李白同时，除了舞剑，他还擅长射箭。裴旻在北平（今北京）任职时，当地有很多虎。裴旻曾在一日之内击毙31只，并因此感到很得意。当他在山下休息时，有一个老者走过来跟他说：“此皆彪也，似虎而非。将军若遇真虎，无能为也。”说裴旻猎到的并非真虎，而是彪，如果是真虎的话他就猎不到了。然后裴旻问老者何处有真虎，老者告诉他说：“从这里再往北走三十里，时不时就能见到。”于是裴旻跨马而往，在丛生的草木中休息时，果然看到一只真虎跳出来，“状小而势猛，据地一吼，山石震裂”。裴旻的马惊了，弓箭也在惊慌中丢了，甚至差点丢掉性命。裴旻因此感到很惭愧，自此之后就不再射虎了。

稍早于李肇的李翰有一篇《裴旻将军射虎图赞并序》，盛赞裴旻射虎之能，不言真虎假虎之事。颇疑李肇所记是裴旻仇家编出来的谣言，可信的只有裴旻善射，曾在北平猎虎。一日射“虎”31只，也十分不可能。食物链顶端的独居食肉目动物，即使在古代自然环境较好的情况下，也数量稀少。而一种动物似虎而大，但弱于虎，这明显出于编造。

宋末有谚云：“虎生三子，必有一彪。”传说彪最凶恶，会吃掉其他同窝的虎崽。当时猎人传闻，母虎带着三个幼崽渡河，担忧别的虎崽被彪吃掉，所以先把彪叼过河，然后游回原地叼来一个虎崽，再把彪带回去，放下彪后把另外一只虎崽叼到目的地，最后再游回去把彪叼过来，这才保证了彪不伤害虎崽。见宋周密《癸辛杂识》续集下“虎引彪渡水”条。

“虎生三子，必有一彪”之“彪”，宋《百宝总珍集》卷七“熊皮”条说同，后世则多作“豹”，如明张瀚《松窗梦语》卷五《鸟兽纪》、明何孟春《余冬录》卷六十一《物产》、清金圣叹批《水浒传》第十四回等。清丁柔克《柳弧》卷二竟说：“虎生三子，必有一豹。豹生三子，必有一彪。”亦可见“彪”为异兽之说难通。

古又有“土彪”之名，《元史辞典》：“疑为鬣狗。”《元史·世祖本纪》：“马八儿国遣使进花牛二，水牛、土彪各一。”马八儿国，故地在今印度科罗曼德尔海岸。

至明清，朝廷大员着“补服”，文官绣禽，武官绣兽，按品级用不同的禽或兽纹样。明洪武二十四年（1391）定制，武官一品二品饰狮子，三品四品饰虎豹，五品饰熊，六品七品饰彪，八品九品饰犀牛、海马。清顺治九年（1652）改制，武官一品饰麒麟，二品饰狮子，三品饰豹，四品饰虎，五品饰熊，六品饰彪，七品八品饰犀牛，九品饰海马。（参《中国古代服饰辞典》，中华书局2015年版）其中“彪”自然明显不同于“虎”。但各种补服上的“彪”形象不甚统一，只能看到是一只金黄色猫科动物。有人猜测此“彪”即金猫*C.temminckii*，不可信。其实补服纹样禽兽不必实有，典型的比如麒麟和海马（此海马非鱼类海马，而是幻想中海里的神马）。即使实有之物，也未必被正确描绘，如犀牛就被绣成了黄牛的样子。又如“蟒”本为大蛇，但元代人生造出“五爪为龙，四爪为蟒”的概念，蟒袍、蟒补子上的“蟒”即爪子上少一根脚趾的龙（有时候趾也不少，还硬叫“蟒”）。总之很难根据补子上的形象，推测“彪”是什么。

民间确实含混地认为“彪”是一种动物，但其实谁也说不清“彪”是什么。如元人郑光祖《程咬金斧劈老君堂杂剧》中李密自称：“我麾下有二士、三贤、五虎、七熊、八彪，兵有百万，将有千员。”以虎、熊、彪比喻战将，虎、熊、彪自然同是兽类。又如《西游记》第七十回：“那门前虎将、熊师、豹头、彪帅、赖象、苍狼、乖獐、狡兔、长蛇、大蟒、猩猩，帅众妖一齐攒簇。”然而《西游记》中又称双叉岭刘伯钦所打之虎为“斑彪”（第十三回）、“斑斓彪”（第十四回），说明“彪”的具体形象在作者意识里是模糊的。

豹（猎豹、狞猫附）

家猫又名“家豹”“鸡豹子”。明初大儒宋濂的《燕书》中有一个寓言故事：猗于皋听说别人养的豹善于捕兽，于是用高价买过来，还为此举办了庆宴，连系豹的绳索都是用丝绸掺杂金线特制的，每日喂肉更是不在话下。不久后，家里发现一只大老鼠，猗于皋关门放豹，意欲杀鼠。结果豹对老鼠视如不见，猗于皋就把豹怒骂一通。后来家里又出现大老鼠，豹还是无动于衷，猗于皋就把豹怒打一通。豹吃痛哀嚎，猗于皋反而更加生气，打完就给豹换了普通绳索，又把豹关到了牛羊圈里，饲料也降了很大规格，把豹弄得很沮丧。猗于皋的朋友听说后，说：“宝剑虽然锋利，但补鞋子方面还不如锥子有用；丝绸虽然好看，但当毛巾还不如棉布；花豹虽然凶猛，但捕鼠不如猫。你太笨了。怎么不用猫捕鼠，让豹去打猎呢？”猗于皋听从了朋友的建议，果然不久，猫就把家里的老鼠捉光了，而豹也猎到了很多麞鹿麃兔。（此故事实改编自《吕氏春秋》“犬捕鼠”寓言。）

豹*Panthera pardus*的情况跟虎类似。在古人眼中，豹与虎是同类，只是豹花纹是圆的。如《说文》：“豹，似虎，圜文。”《尔雅》中也是没有正面说豹，原因与虎相同。“豹”字在《山海经》中出现了32次。又有怪豹数种，如《西山经》“章莪之山”：“有兽焉，其状如赤豹，五尾，一角，其音如击石，其名曰狰。”又“阴山”：“有兽焉，其状如狸而白首，名曰天狗，其音如榴榴，可以御凶。”（据郭璞注，狸或作豹，榴榴或作猫猫。）《北山经》“堤山”：

“有兽焉，其状如豹而文首，名曰㺄（yǎo）。”

据《本草纲目》，“豹”有多种。如《山海经》之“玄豹”，当即豹的黑色个体。《诗》（与《山海经》《楚辞》）之“赤豹”，即普通的豹，亦即“金钱豹”。“玄豹”“赤豹”都是豹*P.pardus*，下面几种则皆非。《尔雅》之“白豹”当即大熊猫，“土豹”即猞猁，“艾叶豹”即云豹或雪豹，海中的“水豹”当即海豹，多已详于前文（雪豹见后文）。

李时珍又言：“又西域有金线豹，文如金线。”今猫科动物似无纹似金线者。明刊《异域图志》（剑桥大学藏）中有一幅《金线豹图》，其物略如人大，身具圆斑。据此，金线豹当即猎豹*Acinonyx jubatus*。猎豹今多见于非洲，亚洲仅伊朗中部还有残存。猎豹体长105~150cm，小于豹而大于雪豹。猎豹毛色金黄或黄褐，有简单的黑色小斑点（豹斑的黑色部分成组出现，且中间不黑，与猎豹其实明显不同）。《吴友如画宝·中外百兽图》中有“七大”，实即猎豹（英文为Cheetah），其文曰：“七大，猫属也，生于亚非利加[①]及亚细亚之南境。其皮斑剥可爱，特未知其性情举止与小狸奴相去悉如耳。”

《殊域周咨录》卷十一《西戎》：“提督豹房太监李宽又奏称：永乐、宣德年间，旧额原养金线豹、玉豹数多，成化间养玉豹三十余只。弘治年原养哈喇二只，金线一只，

① 亚非利加（Africa），今译作阿非利加，即非洲。

明刊《异域图志》之“金线豹”

明刊《异域图志》之“哈剌虎剌”

玉豹二十余只。正德等年间原喂养玉豹九十余只。嘉靖年原养玉豹七只。”其“金线豹”即猎豹*A.jubatus*，“玉豹”即豹*P.pardus*。“哈刺”全称“哈剌虎剌”，即狞猫*Caracal caracal*，其图亦见于《异域图志》。（参考张之杰《哈剌虎剌草上飞初考》，中华科技史学会会刊2006年第9期）狞猫亦非中国原有，而可见于“西域”（中亚），中国古籍中“哈剌虎剌”的出现情况与“金线豹”类似，故赘述于此。

又，明马欢《瀛涯胜览》“忽鲁谟厮国”条：“又出一等兽，名‘草上飞’，番名‘昔雅锅失’，如大猫大，浑身俨似玳瑁斑猫样，两耳尖黑，性纯不恶，若狮豹等项猛兽，见他即俯伏于地，乃兽中之王也。”冯承钧注：“波斯语siyāh-goš 之对音，此言黑耳，即学名*Felis caracal*之山猫是已。”（《瀛涯胜览校注》，中华书局1955年版。按：今属名有变。）与《瀛涯胜览》同时期的巩珍《西洋番国志》说同。又据罗日褧《咸宾录》载，吐蕃（今西藏）、天方（今沙特阿拉伯之麦加）等地亦出此物。尤侗《外国竹枝辞·忽鲁谟斯》所谓“玳瑁斑斑草上飞”者也即此物。

雪豹

中国是雪豹*Panthera uncia*分布的核心区域，但雪豹在古代不甚为人所熟知。

《山海经·北山经》“石者之山”：“有兽焉，其状如豹而文题白身，名曰孟极，是善伏，其鸣自呼。”“文题”是花纹额头，雪豹全身白底黑斑。猫科动物普遍擅长伏击，如《说文解字》“狸，伏兽”，又如《庄子·山木》“夫丰狐文豹，栖于山林，伏于岩穴，静也”，通于《山海经》所谓“是善伏”。

《山海经·北山经》“单张之山”：“有兽焉，其状如豹而长尾，人首而牛耳，一目，名曰诸犍，善咤，行则衔其尾，居则蟠其尾。”所谓“一目”难解，但“长尾”确实是雪豹的显著特点，“行则衔其尾，居则蟠其尾”也是雪豹偶尔会有的特殊行为。

《山海经》“孟极”“诸犍”这两种“如豹”的北方动物，很有可能就是雪豹。雪豹主要分布在中国西方，但北方也有少量分布。只是《西山经》中却没有记载疑似物种。

《中国动物志》等言雪豹别名“艾叶豹”，但不知何据。据《本草纲目》载，艾叶豹的花纹似艾叶，皮张质量次于金钱豹。食肉目中似乎并没有花纹特别像艾叶的，但雪豹的皮张（奶白色底，黑色斑块）看起来，跟干枯的艾叶确实有点相似。

清乾隆朝内府抄本《理藩院则例》载，顺治十年（1653）西宁（府治在今青海西宁）西纳演教寺国师所贡诸物中，有“猞猁狲皮、艾叶豹皮、金钱豹皮、狼皮、狐皮”等。康熙朝《大清会典》亦载此事，并于五种皮下各注有“四张”字样。西宁正处于雪豹分布地，而原文中艾叶豹也确实区别于金钱豹。《光绪朝东华录》“光绪十二年丙戌·夏四月”条，也有相近内容，其中提到“虎皮、乌云豹皮、金钱豹皮、艾叶豹皮、猞猁皮、狐皮、沙狐皮各一张”。以上西北所出“艾叶豹”还有可能是雪豹，但大量文献中记载的“艾叶豹”却出自东南部的台湾，详前文。

《清宫兽谱》第一册“貔”，所绘即雪豹*P. uncia*，但其文字考释部分竟与雪豹无关。《吴友如画宝》第四集下“温斯”条：“温斯生于亚细亚，毛作灰色，而周身皆有点，惟参差不齐，不若梅花鹿之斑剥可观也。”所绘亦为雪豹*P. uncia*。

是未见古人将雪豹*P. uncia*称为“雪豹”，而称之为“孟极”“诸犍”“艾叶豹”“貔”“温斯”。清人有传奇《御雪豹》，剧中有马名“雪豹”，所谓“御赐名马一匹，曰雪豹”（《曲海总目提要》卷二十七）。不知“雪豹”之名何时安于雪豹*P. uncia*。

非猫而名为猫

风狸：蜂猴

汉人托名东方朔的《十洲记》中记载：在遥远的南方大海之中，有一座炎洲，方圆二千里，距离大陆九万里。炎洲有一种野兽叫“风生兽”，乍看似豹，青毛，大小如狸。这风生兽不怕火烧。人张网擒获它之后，用好几车柴去烧它，最后它连毛都不会被点燃。它也不怕砍，也不怕刺，打它就像打在装灰的袋子上。用铁锤去打它的头，打几十下倒是能把它打“死”。但若把“死”后的它的嘴对着风，不一会儿风吹进去，噗噜噜地它又能活过来。只有用石上菖蒲塞住它的鼻孔，它才会真的死掉。《十洲记》还说，取风生兽的脑子，配合菊花服下，服十斤便能得五百年寿命。总之这动物很神奇。

后世又有“风狸”。唐陈藏器《本草拾遗》里说：风狸产自邕州（治所在今广西南宁市郁江南岸亭子街）南部，身似兔而短，栖息于高树之上，风起时借力飞至其他树上，以果子为食。风狸的尿，状似乳汁，甚为难得。只有捕得风狸笼养，人们才能得到风狸尿。

南宋范成大《桂海虞衡志》（一部记述广南西路风

土民俗的著作)：“风狸，状似黄猿，食蜘蛛。昼则拳曲如猬，遇风则飞行空中。其溺及乳汁，主大风疾，奇效。”

同时较晚的周去非类似题材著作《岭外代答》记载：有一个农夫抓住一只风狸，推销给宾州(治所在今广西宾阳县东南古城村)知州刘仔任，说这东西白天休息，晚上在笼子里跳跃不休，索价五十千，最后被刘仔任拒绝了。

但唐段成式《酉阳杂俎》中又记载：南方有一种动物被称为“风狸”，长得像猴子，眉毛很长，见人则低头，好像很害羞的样子。南方人把长绳系在野外的大树下面，然后躲到一旁的树丛里准备好。三天以后，长时间没看到人出现的风狸，才会在草丛中找出它的法宝“风狸杖”。这个所谓“风狸杖”，外表看起来就跟一般的草茎一样，长度大概也就是尺许。风狸看到树上聚集的鸟儿，随便用风狸杖一指，鸟儿就能从树上掉落下来，然后风狸就可以过去大快朵颐了。此时人们趁着风狸懈怠，跑过去一把就可以把风狸杖夺过来。但风狸不会甘心，很可能要过来咬人。人要是打不过风狸，就只能再把风狸杖丢掉，前功尽弃。如果打到不可开交，那人得打风狸几百下，风狸才肯放弃。术士多言风狸杖甚难得，比隐身草还难得。人拿到风狸杖之后，也是指什么动物，什么动物就会立马死去。(可是，人抢了风狸杖之后为什么不直接拿来指死风狸呢？蛇毒毒不死毒蛇？)

12 1. 艾启蒙《风猩图》
2. 艾启蒙《山猫图》

《本草纲目》：“今考《十洲记》之风生兽，《南州异物志》之平猴，《岭南异物志》之风猩，《酉阳杂俎》之狤猸，《虞衡志》之风狸，皆一物也，但文有大同小异尔。”

此物当即今灵长目懒猴科蜂猴属*Nycticebus*各种动物，目前见于中国的有孟加拉国蜂猴（灰蜂猴*N. bengalensis*）、间蜂猴（中懒猴*N.coucan*）还有倭蜂猴（小蜂猴*N.pygmaeus*）。虽然在古代文献中多见于广西，但今天只是少数出现在我国云南南部及国外。

古人对风狸（蜂猴）的部分描述是符合事实的，比如“状似黄猿”“似兔而短”“昼则拳曲如猬”等；有些离事实不远，比如“食蜘蛛”（蜂猴有时会吃虫类）。但那些奇异的说法，如不死、风生，又如有神杖等，则都是出于神化了。

此物明明更像猴类，古人却为何说它“似豹”“如狸”呢？我想这跟蜂猴的眼睛大如猫眼可能有关系。

飞猫：鼯猴

明末清初来华传教士艾儒略的《职方外记》卷一，记载了“印弟亚”（印度）“其猫有肉翅，能飞”。

据黄汉《猫苑》，明张萱《汇雅》、清南怀仁《坤舆外记》、清陆次云《八纮译史》，皆载印第亚、天竺、五印度（三名皆指印度）有此飞猫。李元《蠕范》卷七《物候第十四》也说“西洋猫有肉翅，能飞”，但没有说是西洋的哪个国家。《八纮译史》还提到“亚鲁小国”有飞虎。《玉芝堂谈荟》卷三十四又称“肉翅虎”，讹言可食人。

谢方《职方外纪校释》（中华书局2000年版）认为：“此为产于印度-马来西亚丛林间的一种飞鼠*Flying squirrel*，树栖，前后肢之间有宽大多毛的飞膜，张开能作跳跃滑翔。《瀛涯胜览》‘哑鲁国’条：‘林中出一等飞虎，如猫大，遍身毛灰色，有肉翅，如蝙蝠一般，但前肉翅生连后足，能飞不远。’此飞虎亦为飞鼠，与本条同。”

今此物正式中文名为鼯猴，属于哺乳纲皮翼目鼯猴科鼯猴属*Cynocephalus*，有两种，即产自菲律宾的菲律宾鼯猴*C.volans*和产自马来西亚、印度尼西亚的斑鼯猴*C.variegatus*。前文提到的“哑鲁国”，在今印度尼西亚的苏门答腊岛东岸。总之，鼯猴实出自以印度尼西亚为代表的东南亚岛国。

又，青海西宁方言（属中原官话）“飞猫儿”指的是鼯

鼠（啮齿目松鼠科鼯鼠族动物的统称）。（见《汉语方言大词典》，中华书局1999年版）

《吴友如画宝·中外百兽图》中有“树狸”，即产自美洲的浣熊*Procyon lotor*。又有“海乙那”“黑纹海乙那”，即猫型亚目鬣狗科的斑鬣狗*Crocuta crocuta*和条纹鬣狗*Hyaena hyaena*。鲁迅《狂人日记》：“他们是只会吃死肉的！——记得什么书上说，有一种东西，叫‘海乙那’的，眼光和样子都很难看；时常吃死肉，连极大的骨头，都细细嚼烂，咽下肚子去，想起来也教人害怕。‘海乙那’是狼的亲眷，狼是狗的本家。”

猫牛、猫猪

明李日华《六研斋三笔》卷二：“隋炀帝为晋王时，供智者物有猫牛酥三瓶，又不知猫牛是何等牛。”事见隋释灌顶《国清百录》卷三《王遣使入天台参书第六十一》。同卷《天台众谢启第八十》又言“猫酥五瓶，充身去患”，《皇太子弘净名疏书第八十一》又言“猫牛酥两瓶”。“猫酥”即“猫牛酥”。“猫牛”实即牦牛，常见于早期古籍，如《山海经》《庄子》《史记》等。《说文解字》：“犛，西南夷长髦牛也，从牛，𠩺声。”犛音当如厘，其字又作“狸牛”“氂牛”“犁牛”等。但又写作“犛牛”“髦牛”“旄牛”“猫牛”，以致后世读犛如毛。

有意思的是，此物既被写作“猫牛”，又被写作“狸牛”，但跟“猫”“狸”没有任何关系。慧琳《一切经音义》卷第十五《大宝积经》第一百一十一卷“牦牛”条：“今经文从犬，作猫，非也。是捕鼠猫儿字，不是牛也。”但古文音近义通，慧琳说其实不必。

酥又名油酥，是一种牛羊乳制品。牛酥比羊酥高档，牦牛酥又是牛酥中最高档的。此物传自西域，佛典中常提及，佛典中或用其译名“遮末罗”（唐释遁伦《瑜伽论记》）或“遮摩罗”（元释沙罗巴译《彰所知论》）。依《苏悉地羯罗经》，牛酥中最高档的是“犛牛酥”（牦牛酥），其次是“白牛酥”（白色的瘤牛是印度特产），其次是“黄牛酥”，最次等的是“乌牛酥”（乌牛疑即水牛）。《本草纲目》卷十五下引孙思邈云牦牛酥“主去诸风湿痹，除热，利大便，去宿食”。

《本草纲目》卷五十一上“牦牛”条引杨慎《丹铅录》云：“毛犀即彖也，状如犀而角小，善知吉凶，古人呼为猫猪，交广人谓之猪神是矣。”方以智《通雅》卷四十六、《猫苑·种类》皆有此说。

按今《丹铅总录》卷十六“卦爻名义”条：“彖亦曰茅犀，状如犀而小角，善知吉凶，交广有之，土人名曰猪神。”无“猫猪”之名目。

此物疑为鼬科猪獾属的猪獾*Arctonyx collaris*。猪獾古名貒（tuān），与彖（tuàn）音近。

又《初学记》卷二十九引《山海经》：“猫猪，大者肉至千斤。”《白氏六帖》卷九十八、《太平御览》卷九百三引略同，惟《六帖》作“猫猪”。此文不见于今本《山海经》，疑有误。要之，所言是“猪”，不是“猫”。

猫头鹰

《猫苑》引《赤雅》，以为：“又有‘鸟猫’，首似鸺鹠，鸣曰‘深掘深掘’。”其文见《赤雅》卷三“深掘”条，今本仅云：“猫首鸟喙，似鸺鹠而大，放声而哭，哭毕鸣曰：深掘深掘。意贾生所谓鹏也[1]。”未曾以为名“鸟猫”。

鸺鹠，古或称“鸱”“鸮”“鹏”等，今通名“猫头鹰”，但“猫头鹰”一语于古代典籍中甚为罕见，早期只有“猫儿头”或“猫头鸟”。

此鸟似猫之说，最早见于唐陈藏器《本草拾遗》，言其“两目如猫儿”（《本草纲目》卷四十九“鸱鸺”条引）。“猫儿头”之名目则最早见于《元典章》，大德十年（1306），杭州路陈言：有一种人，结交官府，遇大小公事，都出头为人打点，从中牟利，这种人就被叫作“猫儿头”（或“猫儿头生活”）。这大概是以猫头鹰的“阴贼”来形容人“干事不干净”。而明田艺蘅《留青日札》以为主要

① 贾谊有《鹏鸟赋》。

与“猫头笋”有关：“盖言如笋之只好在土中，一出头来，人不贵重也。又如猫然，其头虽似虎，而人不畏也。”“猫儿头差事”泛指驱走奉承、费力又不体面的事，辞例可见于《金瓶梅》。

明周祈《名义考》卷十“鸱鸮”条：“头圆而有耳，俗又名猫儿头，即鸺鹠也。”始明确“猫儿头”是鸟。明谢肇淛《五杂组》卷九：“猫头鸟即枭也，闽人最忌之，云是城隍摄魂使者。”始见“猫头鸟”之称。清末小说《二十年目睹之怪现状》第一百八回：“眉下生就一双小圆眼睛，极似猫儿头鹰的眼。”则为“猫头鹰”词源。

又《儿女英雄传》：“这老枭，大江以南叫作‘猫头鸱’，大江以北叫作‘夜猫子’，深山里面随处都有。”《彭公案》第一五九回：“我是夜猫子进宅，无事不来。”“夜猫子”的早期写法是“夜魔子”。元明间无名氏《二郎神锁齐天大圣杂剧》第三折：“我若怕他，我老子就是夜魔子变的。”此为猕猴起誓之言，其中“夜魔子”明显带有贬义色彩。清《金屋梦》第四十二回：“只为良心丧尽，天理全亏，因此到处取人憎嫌，说他是个不祥之物，一到人家就没有好事，如鸱鸮一般，人人叫他做‘夜猫子’。因鸮鸟生的猫头鸟翼，白日不能见物，到夜里乘着阴气害人，因此北方人指鸮鸟夜猫，以比小人凶恶，无人敢近。”

据《汉语方言大词典》，天津称“夜拉猫子”，河北部分地区称“呱呱猫”，河北张家口、山西朔州称“猫形虎”，河北魏县称“咕咕喵子”，山西广灵、大同等地称“猫形鹘”，山西临猗、河南洛阳等地称“咕咕猫（喵、面）儿”，山西运城称“夜呼猫”，山东长岛称“红眼儿老夜猫子”（短耳鸮）、“黄眼儿老夜猫子”（长耳鸮），山东烟台、福建崇安称“猫子头”，山东烟台、河南郑州及新乡等地称“咕咕喵”，河南项城称“木里猫子”，河南虞城称“猫兔子”，河南登封、许昌称“夜里猫”，河南沈丘称“树猫子”，河南桐柏称“猫娃头”，河南沁阳称“瞎树猫”，贵州清镇称“猫灯哥”，贵州黎平、湖南长沙称“猫哭鸟”，江西新余称“猫尼鸟”，江西莲花称“猫面鸟俚”，江西赣州盘龙、广东梅县称“猫头雕”，福建武平武东称“猫头寡”，四川邛崃称“猫儿猫儿狐”，福建福鼎、寿宁称“猫咪鸟”，福建福安称“猫狸头咕鸟”，福建宁德称“猫狸鸟”，福建莆田称“猫狸老鹰”，福建仙游称“古毛猫”，福建永春称“顾呣猫”（或作“姑呣猫”），福建福州、永泰称“猫王鸟”，广东梅县称“猫头翁”，台湾称“猫鸮”。

又唐代刘恂《岭表录异记》卷中载桂林人网捕猫头鹰，卖给普通人家驯养以捕鼠，认为比养猫强。

声如猫

《猫苑·种类》引黄香铁待诏（黄钊）云：“崖州有一种猫蛇，其声如猫，见《琼州志》。”琼州在今海南省。今所见道光《琼州府志》有其文。郝玉麟等《广东通志》及屈大均《广东新语》卷二十四亦载此蛇。《衔蝉小录》卷五引檀萃《楚庭稗珠录》："粤东产猫蛇，其音如猫。"古籍中虽多见，但一则蛇无发声器官（响尾蛇是利用鳞片发声），二则今亦未曾听说当地人遇到此蛇，故终不详此为何物。又明人邝露《赤雅》卷三"蚺蛇"条："其声甚怪，似猫非猫，似虎非虎。"

《毛诗多识》卷十一《凫鹥在泾》："关左为近海之区，水鸟颇繁，其有苍白，羽色如鸽者，人目曰鸥，又呼曰海猫。"部分鸥科鸥属动物（如黑尾鸥）叫声似猫，至今东部沿海部分地区仍以"海猫"称呼海鸥。辽宁大连石城岛东部有"海猫岛"，《清一统志》《盛京通志》已经有记载。岛上多海鸟，"海猫"名岛，大概因此。据《汉语方言大词典》（中华书局1999年版），宁波方言中此物又名"江猫"，东北官话、胶辽官话称"海猫子"。

又，据说水雉声如猫，但古籍中似无记载。《清宫鸟谱》卷九有"地乌"，实即水雉，其文曰："鸣声亦可听。俗传地乌之名因其声而命之也。"云南称绿孔雀为"大猫猫"，亦因其声如猫，但古籍中亦未见记述。

如猫之虫

龙辅《女红余志》卷上"帐"条：梁惠王为美人名闾娵

者制鸾凤帐，在帐内焚百花香，帐上鸾凤便能翩翩起舞。传说帐上鸾凤是用仙蜂血染成的，仙蜂出自休与山，“其形如猫，爱花香，闻有异香，不远千里必食之而后返”。《猫苑·种类》引此文。《女红余志》大约是明代人造作的“伪典小说”，其事皆不经见。所谓“休与山”可见于《山海经》，但《山海经》中不言“仙蜂”，其“仙蜂”似乎也不必有现实原型。而虫以猫为名者，古书中并不是太少见。

《本草纲目》卷四十有“枣猫”，引方广《丹溪心法附余》“治小儿方”注云：“生枣树上，飞虫也。大如枣子，青灰色，两角。”其物当即枣尺蠖之成虫。《魏书》卷一一二《灵征志八上》所谓“青州步屈虫害枣花”之“步屈”，亦为此物。今山西忻州亦称之为“枣猫儿”，见《汉语方言大词典》。

清光绪年间郑祖庚《侯官县乡土志》及《闽县乡土志》又说：“蜻蜓，俗呼猫蝴。”侯官县、闽县今合为闽侯县，在福建省福州市。四川方言或称蜻蜓为“丁丁猫”“叮叮猫”“虰虰猫”“大头猫”，以其身形如“丁”字，头大眼圆如猫之故。清傅崇矩《成都通览》载成都之小儿女歌谣曰：“丁丁猫，红爪爪，哥哥回来打嫂嫂。”（反映旧时代的家庭暴力）民国唐枢《蜀籁》卷一：“丁丁猫咬尾巴，自己吃自己。”（没人管饭）又：“丁丁猫变水扒虫，变还原了。”（回到最初的样子）又：“丁丁猫想吃红樱桃，眼睛都望绿了。”（形容人急切的样子）以上转引自《四川方言词源》。

贵州桐梓则称蜻蜓为“点灯猫儿”，“点灯”大概来自“（蜻蜓）点水”之习性。

又，湖南临武麦市之土话中蜘蛛被称作“张珠猫”，浙江青田称蝇虎（跳蜘蛛）为“苍蝇大猫”，湖南称绿头苍蝇为“绳猫公”，四川达川区称蝌蚪为“乌猫儿”，见《汉语方言大词典》。大体皆大头圆眼之物。

《神农本草经》之“斑猫”，字或作“班苗”“斑蚝”“斑蝥”等。李时珍以为“斑言其色，蝥刺言其毒如矛刺也”，故以“斑蝥”为正字，其他写法则误。但古书中“斑猫”等写法甚常见，中药常用之。今此物中文正式名为斑蝥，斑蝥属学名*Mylabris*。

猫名草木

猫竹，即毛竹*Phyllostachys edulis*，又作“茅竹”“麻竹”；其笋曰“猫（儿）头”，当即明毛晋《毛诗陆疏广要》所谓“绵猫”。

《猫苑·灵异》引蒋稻香（名田）说：湖南有一座猫山，相传此山上曾有猫成精，所以山上有很多有灵性的猫子猫孙。这些小猫死后，都葬在山上，以致山上猫冢累累，不计其数。此山又盛产一种竹子，名叫猫竹，那些没有埋葬猫的地方便没有猫竹。“猫竹”以猫为名，便是这个原因，作“毛竹”“茅竹”都不对。

蒋田之说不可信，只是一种民间传说。唐李商隐《武夷山》诗：“武夷洞里生毛竹，老尽曾孙更不来。”可见早期文献中作“毛竹”，今亦以之为正字，理由是其笋生毛。《留青日札》卷三：“今冬笋之已透风有毛者，曰猫儿头。”清赵学敏《本草纲目拾遗》卷八：“《笋谱》：毛笋为诸笋之王，其箨有毛，故名。俗呼为猫笋者，非也。”但也有人认为“猫竹”才是正字，得名原因是其笋如猫头。宋人谈钥《嘉泰吴兴志》卷二十：“猫竹，笋出如猫头，本出于江西，今有之，笋甚大。”《猫乘》卷六引《群芳谱》：“猫竹，又名猫头竹，其根如猫头。”李时珍则以“矛竹”为正字，《本草纲目》：“（竹）劲者可以为戈刀箭矢，谓之矛竹、箭竹、筋竹、石麻。”此说看似合理，但并无早期文本证据。虽然“猫竹”字最早出现在北宋，晚于“毛竹”出现的唐代，但很多情况下，古人是以“猫竹”为正字的。

明徐光启《农政全书》卷三十七：“猫竹：一作茅竹，又作毛竹。干大而厚，异于众竹，人取以为舟。”此物民间应用甚广，其笋亦以美味闻名。有人曾将猫头笋送给黄庭坚，黄庭坚即作诗答谢[①]，诗中活用意象，以猫想跑掉来形容竹笋的新鲜。稍晚的韩驹曾经取猫竹作枕，并作诗记之，诗中以“养狸奴”比喻培养猫头笋的过程。

① 此诗又见于苏轼集，文字不尽同。

长沙一月煨鞭笋，鹦鹉洲前人未知。

走送烦公助汤饼，猫头突兀想穿篱。

——黄庭坚《谢人惠猫头笋》

湖南人家养狸奴，夜出相乳肥其肤。

买鱼穿柳不蒙聘，深蹲地底老欲枯。

谁将作枕置榻上，拥肿似惯眠氍毹。

慵便玉枕分已无，孙生洗耳非良图。

茅斋纸帐施团蒲，与我同归夜相娱。

更长月黑试拊卧，鼠目尚尔惊睢盱。

坐令先生春睡美，梦魂直绕赤沙湖。

更烦黄奶好看取，走入旁舍无人呼。

——韩驹《湖南有大竹世号猫头取以作枕仍为赋诗》

元李衎《竹谱详录·猫头竹》，力主其得名以似狸猫：

猫头竹，一名猫弹竹，处处有之。江淮之间生者，高一二丈，径五六寸，衡湘之间者径二尺许。其节下极密，上渐稀，枝叶繁细，笋充庖馔，绝佳。此笋出时，若近地坚硬，或碍砖石，则无间远近，但遇可出处，即穿土而出，犹狸首钻隙，无不通透也，故寓此名。

猫食薄荷而醉的相关说法，最早见于五代。《清异录》卷上记，当时的隐士李巍在山中修道，有人问他每天的伙食，他回答说："炼鹤一羹，醉猫三饼。"据原书自注，"炼鹤一羹"取"炼得身形似鹤形"（唐李翱《赠药山高僧惟俨》中句）之意，一份炼鹤羹，就是没什么营养，吃了可以减肥的羹汤；"醉猫三饼"，三份醉猫饼，是用莳萝和薄荷捣碎掺入面粉中做成的食物，也是清淡的主食。欧阳修《归田录》卷二："至于薄荷醉猫、死猫引竹之类，皆世俗常知。"古人诗词及画作中常出现相关内容，如五代时著名的画猫专家何尊师即有《薄荷醉猫图》。

薄荷花开蝶翅翻，风枝露叶弄秋妍。
自怜不及狸奴黠，烂醉篱边不用钱。

——陆游《题画薄荷扇》

今所谓"猫薄荷"*Nepeta cataria*与"薄荷"*Mentha canadensis*同属于唇形科，但前者属于荆芥属，后者属于薄荷属。古籍中又言鸡苏（鸡酥）醉猫。如元好问《醉猫图》："饮罢鸡酥乐有余，花阴真是小华胥。"又如王初桐《雪狮儿·猫》："乍饮到、鸡苏还醉。"然而此鸡苏恐即代指薄荷，而非实指唇形科水苏属植物。

古医书中常言薄荷汁治猫咬伤，又医猫重视用乌药*Lindera aggregata*，未知验否，慎用。

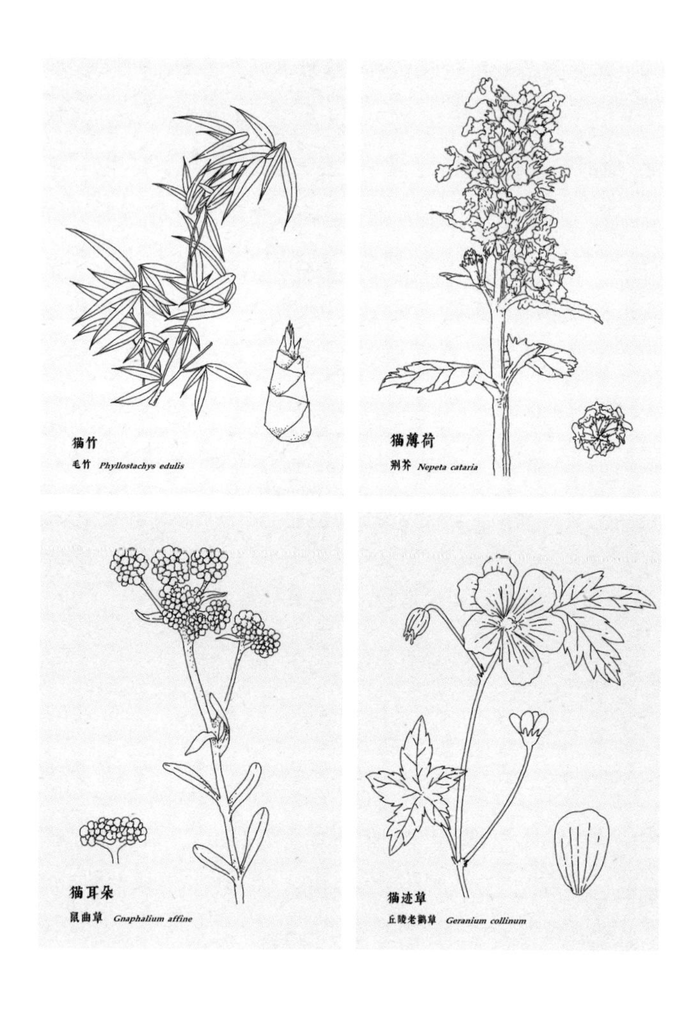
猫竹
毛竹 Phyllostachys edulis
猫薄荷
荆芥 Nepeta cataria
猫耳朵
鼠曲草 Gnaphalium affine
猫迹草
丘陵老鹳草 Geranium collinum

《猫名草木图》
橘子绘

猫耳朵（草），当即菊科鼠曲草属的鼠曲草*Gnaphalium affine*，一说为野牡丹科锦香草属猫耳朵*Phyllagathis wenshanensis*。《本草纲目》卷十六“鼠曲”条：“今淮人呼为毛耳朵。”唐《本草别录》名之为“鼠耳”。猫耳朵是一种重要的野菜。《西游记》第八十六回：“猫耳朵，野落荜，灰条熟烂能中吃。”又有一首民歌，见于明代王磐的《野菜谱》：

> 猫耳朵，听我歌。今年水患伤田禾，仓廪空虚鼠弃窠。猫兮猫兮将奈何！

猫迹草，当为牻牛儿苗科老鹳草属某种*Geranium* sp.。明俞弁《续医说》卷十：“石龙芮，俗名猫迹草，叶毛而尖，取叶揉臂上成泡，谓之天灸，治久疟不愈。”《衔蝉小录》卷五引《庚辛玉册》：“猫脚，鸭儿芹叶上有毛者真，《本草》名猫茎，《草药方》名猫脚迹，《续医说》名猫迹草。”《汉语方言大词典》引东北作家潘守身、高秀芳《智擒“黑腿狐”》：“猴腿儿，猫爪子，刺楞芽子，漫山遍野。”或说为毛茛科毛茛属的石龙芮、猫爪草或相近某种。但猫爪草不见于东北，石龙芮有毒。

猫儿眼（草），又作“猫儿眼睛”，即泽漆*Euphorbia helioscopia*。《本草纲目》卷十七：“绿叶如苜蓿叶，叶圆而黄绿，颇似猫睛，故名猫儿眼。”

猫耳眼（草），当即五台虎耳草*Saxifraga unguiculata*。据明沈之问《解围元薮》，五台草一名猫耳眼，又名浓灌草。《本草纲目》卷二十“虎耳草”条：“叶大如钱，状似初生小葵叶及虎之耳形。”

猫舌仙桥（草），当即紫草属梓木草*Lithospermum zollingeri*。《衔蝉小录》卷五引《草药方》：“猫舌仙桥草，春生苗，茎微紫，叶青，劲而糙，其形圆如白果样，两头有尖，大逾瓜子，上有小白点，延蔓着地生根，中乔起，故名。”《本草纲目拾遗》卷五引《汪氏草药方》：“猫舌仙桥，叶面生刺，草本塌地，生花青紫，多产水泽旁。”此物茎、叶、花表面被毛，似猫舌，即所谓“糙”“叶面生刺”。

猫儿残，又名“猫耳朵刺”“猫刺叶”“猫耳朵头”，即十大功劳*Mahonia fortunei*。明缪希雍《先醒斋医学广笔记》卷三：“极木，一名十大功劳，一名猫儿残。”自注：“俗呼光菰枥。”清顾世澄《疡医大全》：“猫耳朵刺，即十大功劳。”此物叶倒卵状披针形，故名“刺”“残”（残本义为伤害）。

猫儿刺，即枸骨*Ilex cornuta*。《本草纲目》卷三十六：“叶有五刺，如猫之形，故名。”

猫儿卵，即白蔹*Ampelopsis japonica*。《本草别录》称“兔核”。《本草纲目》卷十八下：“兔核、猫儿卵，皆象形也。”“根如鸡鸭卵而长，三五枚同一窠，皮黑肉白。”“猫儿卵”之“卵”是睾丸的俗称，“兔核”之“核”当亦指睾丸。

猫蓟，即小蓟*Cirsium setosum*，俗称“刺儿菜”。《本草纲目》卷十五：“弘景曰：大蓟是虎蓟，小蓟是猫蓟，叶并多刺，相似，田野甚多，方药少用。时珍曰：蓟，犹髻也，其花如髻也。曰虎曰猫，因其苗状狰狞也。”

猫屎它，即唐古特瑞香*Daphne tangutica*，又名千年矮。清陈杰辑《回生集》卷上：“千年矮一名路边精，五六七月开小白花，其根入火炉烧之作猫屎臭者是，故俗名猫屎它。”

猫蕨，即紫萁*Osmunda japonica*。多年生草本，幼时通体被绒毛。清吴其浚《植物名实图考》卷四《蔬类·蕨》：“又有猫蕨，初生有白膜裹之，不可食。”

当代方言中，福建松溪称车前草为“黄猫衣心”，甘肃天水称稗草为“猫娃草”，陕西绥德称狗尾草为“猫儿莠子”，广东信宜称小米为“猫尾粟”，江苏苏州称三色堇为“猫面孔花”，北京称草药甘遂为“猫眼儿”。

《炮炙全书》卷一有“猫草”，《古今医鉴》卷之十六有“猫儿草”，不详何物。今所谓“猫草”，是专门种给猫吃的燕麦、小麦等植物的嫩苗，与古书中“猫草”显然不同。

清广东省嘉应州镇平县（今广东梅州市蕉岭县）有一种草，名曰“猫毛”。黄钊《乡园诗》所谓“草茵拾猫毛”者是也。见《猫苑·名物》引黄钊《读白华草堂诗集》。不详“猫毛”今为何物。

《本草纲目》卷二十四“黎豆”（又名“狸豆”“虎

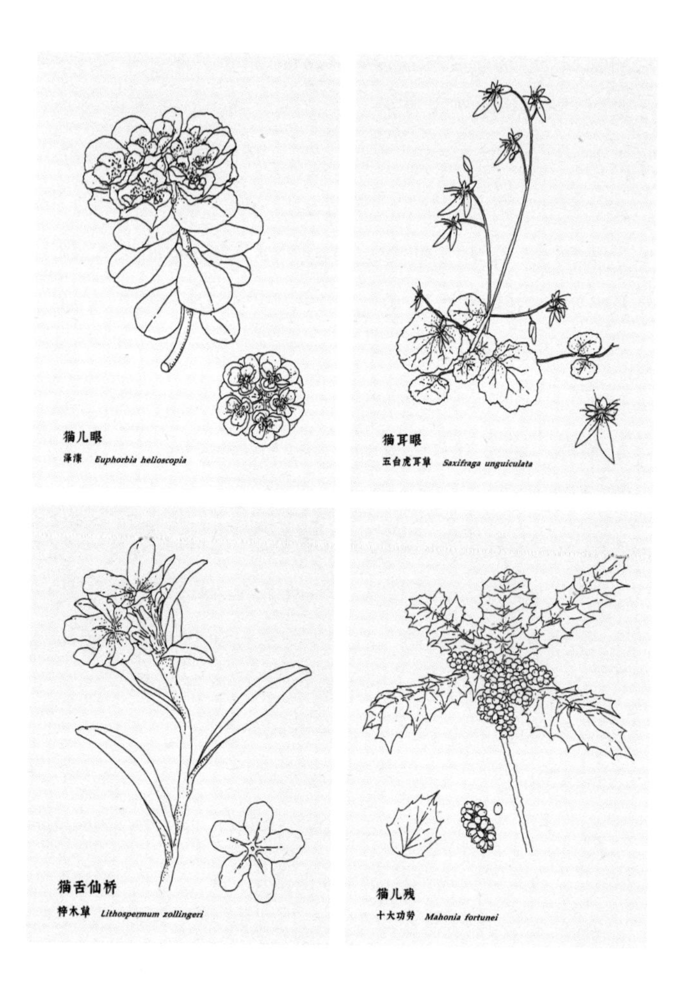
猫儿眼
泽漆 Euphorbia helioscopia
猫耳眼
五白虎耳草 Saxifraga unguiculata
猫舌仙桥
梓木草 Lithospermum zollingeri
猫儿残
十大功劳 Mahonia fortunei

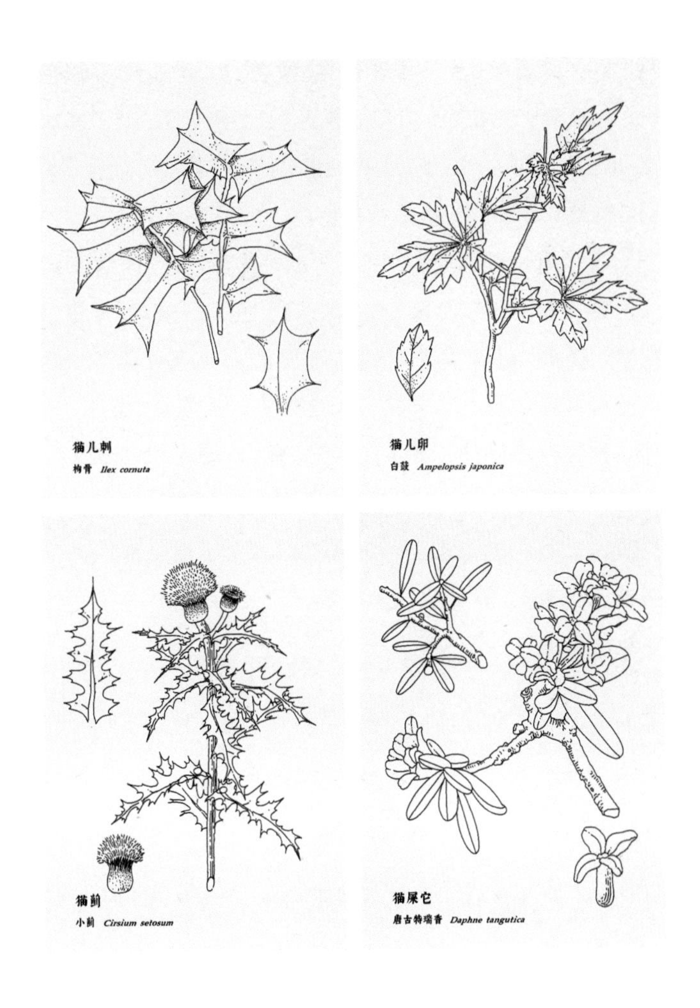
猫儿刺
枸骨 *Ilex cornuta*
猫儿卵
白蔹 *Ampelopsis japonica*
猫蓟
小蓟 *Cirsium setosum*
猫屎屎
唐古特瑞香 *Daphne tangutica*

《猫名草木图》

橘子绘

豆”）：“藏器曰：豆子作狸首文，故名。时珍曰：黎亦黑色也，此豆荚老则黑色，有毛，露筋，如虎狸指爪，其子亦有点如虎狸之斑，煮之汁黑，故有诸名。”其实“黎”“狸”如同“黄鹂”之“鹂”，都是指花色。

古代有一种瓜叫作“狸头”或“狸首”。三国魏张揖《广雅·释草》：“龙蹄、虎掌、羊骹、兔头、桂支、蜜筩、瓟瓡、狸头、白瓟、无余、缣，瓜属也。”《艺文类聚》卷八七引晋郭义恭《广志》：“瓜之所出，以辽东、庐江、敦煌之种为美，有鱼瓜、狸头瓜、蜜筩瓜、女臂瓜、羊核瓜。”（《初学记》引略同）《衔蝉小录》卷五引《庶物异名疏》：“蒲鸰、狸首，皆瓜名。”又引范浚《课畦丁灌园诗》：“瓜畴准拟狸头大，草径堤防马齿繁。”“狸头”应该是一种狸花纹的甜瓜。

我佛不养猫

丑恶之兽

在唐代牛僧孺的小说《玄怪录·古元之》中，描绘过一个富饶、秀丽、人民和善的国家“和神国”，中间写到动物的片段是这样的：“无蚊虻蟆虮虱蜂蝎蛇虺守宫蜈蚣蛛蚁之虫，又无鸱枭鸦鹞鸲鹆蝙蝠之禽，又无虎狼豺豹狐狸蓦驳之兽，又无猫鼠猪犬扰害之类。”文中四组动物，分别是昆虫、鸟类、野兽、家畜，也就是说“和神国”没有（即不允许）这些存在。《古元之》言其“软草香媚，好禽嘲哳”，说明此国并非没有动物。[1]但野兽中点明“狸”（野猫），家畜中点明“猫”（家猫），说明狸、猫在这片乐土上都是不受欢迎的。

为什么乐土上不允许猫存在呢？这就跟佛教有着莫大的关系了。《古元之》通篇叙事风格，就十分接近于繁缛的佛经。“和神国”在西南，更是隐指印度、西方极乐世界。而佛教对包括猫在内的各种动物，是比较排斥的。

佛家虽言众生平等，“无一众生而不具有如来智慧”（《华严经》卷五十一），但在其教义中“畜生”实低于“人”，猫这样的食肉动物更是不如牛马这样“任劳任怨”

① 欧洲的乐园描述中，通常也没有兽类，只有少数鸟类。大体由于兽类不易被控制，甚或会伤人。参考段义孚《制造宠物：支配与感情》，赵世玲译，光启书局2022年版。

的食草动物。

早期的佛经《杂阿含经》（刘宋求那跋陀罗译）一〇四六条，佛言“蛇行法”：“谓杀生恶行，手常血腥，乃至十不善业迹。”而“蛇行众生”举出的代表则是“蛇鼠猫狸等腹行众生”。“云何非蛇行法？谓不杀生，乃至正见。”此处“蛇鼠”自然是两种动物，但“猫狸”则难说。刘宋时期正是家猫伴随佛教开始进入中国的时期，所以“猫狸”既可能指一种动物，也有可能指（家猫和野猫）两种动物，而指一种似乎更合理（观点有待商榷）。

《杂阿含经》一二六〇条，佛又用“猫狸”比喻“愚痴人”，用“鼠子”比喻“女人”：“过去世时，有一猫狸，饥渴羸瘦，于孔穴中，伺求鼠子，若鼠子出，当取食之。有时鼠子，出穴游戏，时彼猫狸，疾取吞之。鼠子身小，生入腹中，入腹中已，食其内藏。食内藏时，猫狸迷闷，东西狂走，空宅冢间。不知何止，遂至于死。”写人受色欲折磨的过程。

猫在佛经中，一贯代表负面形象。如说有十五种鬼神，常游行人间，惊吓孩童。这十五种鬼神各有其形，亦各有其名，其第十一种形如猫儿，其名或译作“曼多难提者”（元魏菩提流支译《佛说护诸童子陀罗尼经》卷一），或译作“么底哩难那”（“底哩”二字要急读，北宋施护译《佛说守护大千国土经》卷三），或译作“磨难宁”“磨伽畔泥”（敦煌残纸）。敦煌残纸中此鬼神是猫首人身状，乍看颇似埃及传说中的“家庭守护神”贝斯特（Bastet）的一个经典形象。[①]

据《大威德陀罗尼经》（隋阇那崛多译），有五种“富伽罗”（又译作“补特伽罗”，即“我”之异名），都是被否定的，第一种即“如猫儿”。《大乘金刚髻珠菩萨修行分》（唐菩提流志译）中言外道于地狱中一身生多个头面，其中一个便是“猫狸面”，并说“如是可畏极恶之类”。

《大般涅槃经》（北凉昙无谶译）卷第十一《圣行品第七之一》：“不畜象、马、车乘、牛、羊、驼、驴、鸡、犬、猕猴、孔雀、鹦鹉、共命及拘枳罗[②]，豺、狼、虎、豹、猫狸、猪豕及余恶兽……”[③]佛陀告诫弟子不要豢养各种动物（车乘与马相关，故言及之），但这些动物分两类，前者是象马之类善兽，后者则是豺狼之类恶兽，猫狸即被归入恶兽。同书卷第十五《梵行品第八之二》亦言：“蚊、虻、蚤、虱、猫狸、师子、虎、狼、熊、罴诸恶虫兽。”

猫的丑恶形象，于佛教文献中表现甚多，难以枚

① 王钊《古埃及艺术中所见猫的驯化》：“（从埃及中王朝开始）贝斯特女神在古埃及艺术中以两种形象出现，一种是蹲坐雌猫的动物形象，另一种是猫头女身的站立形象。”“贝斯特代表着太阳能量有益的一面，她被视为更加友善的神灵，主宰着植物繁育和人类的繁殖、快乐和分娩。”（见《紫禁城》2022年第5期，第44页。）

② 共命又译作耆婆耆婆鸟、生生鸟，拘枳罗又译作鸠夷罗、美音鸟。

③ 佛经翻译为便于记诵，故常用四字句，此处引文实合其例。此文可断作“不畜象马，车乘牛羊，……猫狸猪豕，及余恶兽……”“猫狸猪豕”即猫猪，为凑四字句而如此。

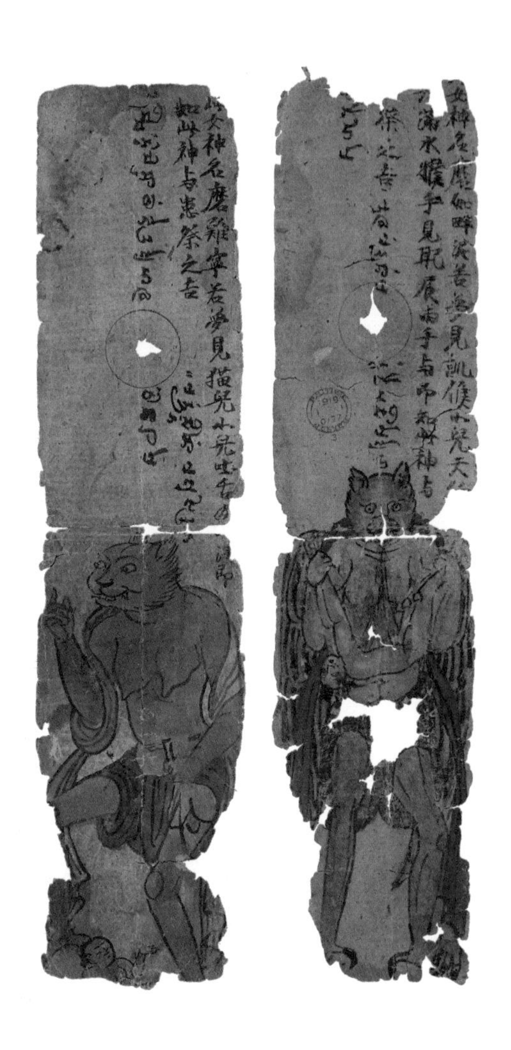

大英博物馆藏唐敦煌残纸二片

举。[1]这种现象并没有随着唐末开始的爱猫热潮而有太多改观。佛教文献中偶有提到猫的正面语句，却是关于猫皮的。《中阿含经》（东晋瞿昙僧伽提婆译）卷第五十《中阿含大品第十六·牟犁破群那经第二》："遍满一切世间成就游，汝等当学如是。犹如猫皮囊，柔治极软。"

唯一看起来例外的是"猫儿罗刹女"："有大神力，具大光明，形色圆满，名称周遍……"（唐不空译《佛母大孔雀明王经》卷二）猫儿罗刹女是"七十三诸罗刹女"之一，可守护信徒寿命。但这其实是一种以凶恶形象出现的善神。说到底，其中隐含的仍是猫的负面形象。

① 诃梨跋摩《成实论》（姚秦鸠摩罗什译）卷第八《六业品第一百一十》言种种"口业"，中有"恶如逸牛，淫如鸟雀，怯如猫狸，谄如野干（野干即野狐）"等语。所说各种动物的"个性"，虽然与国人认知不同，但总归是丑恶的。又，龙树《十住毗婆沙论》（姚秦鸠摩罗什译）卷第七《知家过患品第十六》，《大方广三戒经》（北凉昙无谶译）卷上，《正法念处经》（元魏瞿昙般若流支译）卷第三十四《观天品第六之十三》，《阿育王太子法益坏目因缘经》（唐道世译），《诸经要集》卷十七《占相部第二十七·观相缘第二》，《大宝积经》（唐菩提流志译）卷一《三律仪会第一之一》，《大方广菩萨藏文殊师利根本仪轨经》第六《菩萨变化仪轨品第二之三》等文献中还有很多相关记述，今不详举。

佛猫故事

佛教文献中也有一些猫作主角的故事，主要见于《大庄严经论》（姚秦鸠摩罗什译）、《杂宝藏经》（元魏吉迦夜共昙曜译），有“为猫覆肉”“山鸡王缘”与“金猫因缘”等。

“为猫覆肉”的故事，讲的是有一只小野猫渐渐长大了，便问自己的妈妈：“如果让我自己出去觅食，我应该吃些什么呢？”母猫回答说：“人类自然会教给你。”半夜里，小猫来到人家里，藏在瓮器后边，只听看到猫溜进来的人相互告诫道：“油酥、奶和肉这些好吃的，一定要严严实实藏好。装小鸡雏的笼子也要吊得高高的，不要让野猫猎食了去。”于是小猫就知道了，原来猫的食物是油酥和小鸡这些东西。（见《大庄严经论》卷十五）佛陀通过这个故事告诉弟子，修行不要太刻意，“破除颠倒，如为猫儿覆肉酥乳”。

“山鸡王缘”说的是很久以前的雪山脚下，有一只山鸡王，带着好多鸡子鸡孙。山鸡王的鸡冠极赤，身上毛羽甚白。山鸡王对众鸡说：“汝等远离城邑聚落，莫为人民之所啖食。我等多诸怨嫉，好自慎护。”当时的聚落之中，“有一猫子”（猫子即猫），听说有一群鸡，便来到雪山旁的大树下，对着树上的鸡说：“我来做你的妻子，你来做我的丈夫吧。你看你生得如此端正可爱，你头上鸡冠极赤，身上毛

《无款佛教故事单片图》
台北故宫博物院藏

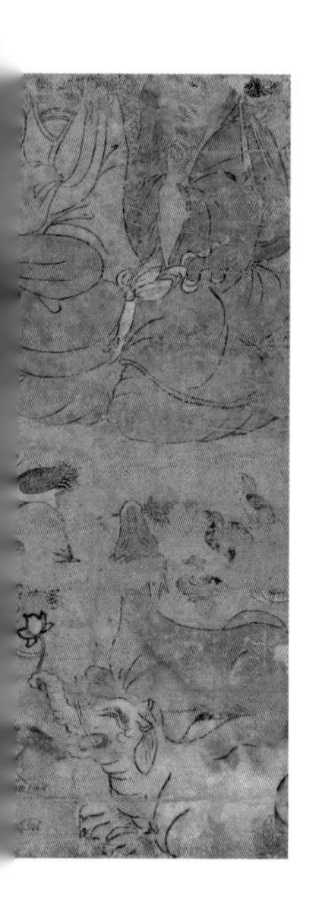

羽甚白。让我来侍奉你，一定安稳快乐。”鸡说偈言：“猫子黄眼愚小物，触事怀害欲啖食。不见有畜如此妇，而得寿命安隐者。”（见《杂宝藏经·山鸡王缘第三十二》）这是一段本生[1]故事，山鸡王是佛陀的前世，猫是佛陀堂弟提婆达多的前世。提婆达多经常谋害佛陀，所以佛陀讲了这个故事。

除了这个元魏译本，还有一个更早的西晋译本，见《佛说野鸡经》（竺法护译《佛说生经》卷一第六），文字多出两倍有余。《佛说野鸡经》中野猫与野鸡的对话全用颂偈，看起来如同对山歌（无韵）。如野猫说：“意寂相异殊，食鱼若好服。[2]从树来下地，当为汝作妻。”野鸡答曰：“仁者[3]有四脚，我身有两足。计鸟与野猫，不宜为夫妻。”后面的内容是野猫反复诱惑野鸡，野鸡不为所惑。整段文字大可以当作戏剧来读。疑此本即印度（或中亚）民间动物故事，后被佛家改编来宣传佛法，然而其中实无多少教义可言，故事趣味则尚可。

① 本生，又音译作阇陀伽，叙述佛陀前生所行善业功德的寓言。

② 此二句当为猫儿自夸之言，谓性格安静而相貌特殊，喜欢吃鱼且皮毛漂亮。

③ 仁者，对人的敬称。

《杂宝藏经·金猫因缘第一百三》中则讲了另外一个故事：当初舍卫国有一个恶生王（又称“琉璃王”）。恶生王游园，在园中堂上见一金猫，从东北角进入西南角，最后消失了。王命人发掘猫消失处的土地，于是掘出一个三斛大的铜瓮，瓮中装满金钱。继续深挖，又旁掘，一直掘出五里地远，皆得满装金钱之铜瓮。恶生王以此向尊者求教，尊者告诉恶生王：“钱可以安心使用。在以往的轮回中有一次你自己是个穷人，却舍三钱于比丘，且于返家的五里路中诚心欢喜，所以有此福报。”

《杂宝藏经·优陀羡王夫人一日夜持戒得生天缘第百十六》中，还有一段关于不信佛而得恶报的故事与猫有关。王军王言：“当年我父优陀羡王的大臣婆咥师、优波咥师皆出家得罗汉道，示现种种神通，这是我曾亲眼得见的。而今二位已然涅槃，收骨造塔，今尚可见。”佞臣答道：“那些不过是些魔术戏法，二臣并非罗汉。几日之后，我向王验证此事。”然后佞臣来到婆咥师、优波咥师之塔，凿出两个孔洞，“各置一猫，于塔养食”，人唤“咥师出”，猫便出洞食肉，出言令还，猫便入洞。几经驯养，猫便调伏。于是佞臣对王言：“今王欲见咥师等耶？愿往共看。”王军王来至二塔之地，果见随着佞臣唤“咥师至”，二猫便出洞，出言令还，二猫便入洞。从此之后，王军王便不信佛法，作种种恶，终遭恶报。值得注意的是，这个故事中人们已经熟练地驯养猫了，养猫的还是恶人。

禁养猫狸

“家猫”一语首见于佛经。后汉安世高译《地道经》五十五《观章第七》，言“行道者当为五十五因缘自观身”，其中一个是：“是身为譬，如家猫，贪恚痴聚。”修习佛法的人，应该时刻反思自己是不是有时候就像什么，比如是不是就像家猫那样贪、嗔、痴三毒俱全。

但此“家猫”恐怕只是偶然出现的“短语”，而非一个固定的“组合词”。一是家猫在东汉时应该还没有进入中国，即使传来了也远没有普遍化。二是当时和以后很长时间内的其他文献中，也没有固定的“家猫”一语。唐世偶见“某人家猫”的说法，表示的是“某人家养的猫”，如“河东孝子王遂家猫犬”“司徒北平王家猫”等。“家猫”固化为词，还是唐末爱猫成风以后的事。

佛教作为一种宗教，自然会有各种戒律，如杀、盗、淫、妄、酒等。佛教文献分经藏、律藏、论藏三部分，持戒是僧侣的重点修习内容。不养猫，也是其中一条戒律。

佛教为什么会禁养猫呢？

其实，佛教禁养的不只是猫，一切动物都在禁养之列，另外蓄奴、聚财，甚至生产制造也是被禁止的。某些佛教典籍将动物分三种。第一种是家畜，如马、牛等，这些动物可以帮助僧侣交通运输，如果不得已要养的话，也不要鞭打它们。第二种是野兽，如猿猴之类，这些就是用来玩的，破坏清修，自然不能养。第三种是恶兽，如“猫狗鸱枭鹰鹞鼠”等。值得注意的是第二种，很大程度上就是在讲豢养宠物。

有人见元代临济宗（禅宗中影响最大的一派）元长禅师养了一只猫，就问：“猫儿吃肉否？”元长答曰：“不吃肉，只吃老鼠。”人又问：“善知识[①]如何容得他？”元长莫名其妙地答了一句：“教官人莫来不得。”直译是“不能让您不要来”。（《五灯严统》卷第二十三“全华府伏龙圣寿千岩元长禅师”条）其中禅机我不能悟，只能读出在当时人们的认知中，佛教徒养猫确实不合理。

“不杀生”是佛教第一戒，所谓“不杀生”不单是不主动杀人或动物，还包括不能教唆杀生、纵容杀生，甚至“见杀随喜”（见到杀戮随即欢喜）。这是所有佛教徒都要遵守的，无论大德高僧，还是刚出家的小沙弥，甚至未出家的善男（优婆塞）信女（优婆夷）。

据明代僧人袾宏的《沙弥律仪要略》载，即使是虱子，出家人见了也要把它放在竹筒中棉絮内，用身中垢物喂养，怕它饥寒而死，“乃至滤水覆灯，不畜猫狸等，皆慈悲之道也”。滤水是怕水里的虫子被人喝下去，覆灯是怕“飞蛾扑火”，不畜猫狸是怕猫狸捕杀虫鼠。清代僧人

① 正直而有德行，能教导正道之人。

说："《孟子》有'率兽而食人'句。畜猫狸，犹率猫而捕鼠也。"（戒显订阅，济岳汇笺《沙弥律仪毗尼日用合参》）"猫，是捕鼠之兽，亦名地行罗刹。"（书玉《沙弥律仪要略述义》）"罗刹"是恶鬼名的音译词，"地行罗刹"就是在地面上行动的罗刹鬼，与"飞天夜叉"相对，本不是猫的别名，但作者却将之指实为猫。

自唐代开始，小说中便有很多不养猫而得福报的段子，如《玉泉子》"李昭嘏"条，参考拙著《猫奴图传》之《中国本土猫妖传说》。

总之，佛家戒律中，不养猫其实是最最基础的。①

虽然戒律如是，理论如是，但佛教徒禁猫的政策实际上并没有被执行，甚至家猫就极有可能是由僧侣带到中国来的。有些僧侣跟猫的感情，还非常深。如元代曹洞宗僧人云岫，便写过一篇情真意切的《悼猫儿》（见《云外云岫禅师语录》）：

亡却花奴似子同，三年伴我寂寥中。

有棺葬在青山脚，犹欠镌碑树汝功。

① 现将部分相关经律论目录抄撮如下：《佛说大般泥洹经》（东晋法显译，一说觉贤译，一说刘宋慧严译）卷第三《四法品第八》，《佛说梵网经》（姚秦鸠摩罗什译）卷下，《优婆塞戒经》（北凉昙无谶译）中《受戒品第十四》，《大般涅槃经》（北凉昙无谶译）卷第七《如来性品第四之四》，《大萨遮尼乾子所说经》（元魏菩提留支译）卷第四《王论品第五之二》，《苏婆呼童子请问经》（唐一行译）卷上《分别苦难分品第九》，《天台菩萨戒疏》（唐明旷删补）中《第三十二畜造非灭戒》，《量处轻重仪》（唐道宣缉），《妙臂菩萨所问经》（北宋法天译）卷第一《说诸遮难分第九》。

元人《第六拔哈达喇尊者图》
台北故宫博物院藏

元人《应真像》之右
台北故宫博物院藏

很多有关猫的典故也首见于佛教文献，比如我们说过的“家猫”“猫鬼”“狸奴”等。有时候还生造典故，比如所谓“猫有五德”：明代万寿寺有一位喜欢开玩笑的彬禅师，有一次会客，见一旁蹲了一只猫，就开玩笑说：“鸡有五德[①]，此猫亦有之：见鼠不捕，仁也；鼠夺其食而让之，义也；客至设馔而出，礼也；藏物虽密，能窃食之，智也；冬必入灶，信也。”客人听后哈哈大笑。（见明王兆云《挥麈新谭》及冯梦龙《古今谭概》）《猫苑》引此，又引蔡元放批评《东周列国志》说，“以宋襄公之仁义，全类斯猫”。味彬师言，语含讥讽，颇有《庄子·胠箧》“盗亦有道”之意。

五白猫儿爪距狞，养来堂上绝虫行。

分明上树安身法，切忌遗言许外甥。

此偈或说为五代宋初临济宗禅师延沼（896—973）作，见《罗湖野录》上（延沼住汝州风穴寺，故或称其作为《风穴颂》）；又见《五灯会元》卷十一《首山念禅师法嗣·谷隐蕴聪禅师》及《古尊宿语录》卷九《石门山慈照禅师凤岩集》，作者为北宋僧人蕴聪（965—1032）。《罗湖野录》又记风穴七世法孙惠洪之颂“却笑树头老舅翁，只

① 《韩诗外传》卷二：“君独不见夫鸡乎？首戴冠者，文也；足搏距者，武也；敌在前敢斗者，勇也；得食相告，仁也；守夜不失时，信也。鸡有此五德……”

能上树不能下”云云。南宋陆游《嘲畜猫》“欲骋衔蝉快，先怜上树轻”，自注：“俗言猫为虎舅，教虎百为，惟不教上树。”与陆游同时代的僧人“南岩胜”（别号南岩，法号中有一个胜字）也有“无奈阿舅何，不传上树诀”的句子，见《禅宗颂古联珠通集》卷三十九。总之，此至今仍在流传的猫为虎舅传说，其实最早即见于佛家文献，并颇流行于禅门。

佛教戒律文献，在中国影响最大的有三部，即《梵网经》《四分律》与《瑜伽师地论》。对养猫等动物的禁止，这三部文献都有着比较明确的说法。为什么会出现戒律与僧侣生活实际上的龃龉呢？河北省社科院刘洋先生认为，部分佛教戒律（如《菩萨戒本经》）中没有禁止养猫等动物，“法无禁止即为可”，所以僧侣若不奉持《梵网经》而奉持《菩萨戒本经》，就有了养猫的理论根据。此说固然可取，而现实情况可能更复杂。唐代禅宗兴起之后，佛教戒律渐废，取而代之的其实更多的是寺院的“清规”。[①]各种寺院清规中，就很难见到有关养猫的禁令。归根结底，养猫可以捕鼠，保护经卷，给了僧侣养猫绝佳的借口；养猫可以解忧，给了僧侣养猫内在的动力。清规、戒律？咱就灵活掌握了。

① 参考吕昂：《佛教戒律中国化研究》，中国社会科学出版社，2021年。

橘有税《绘本故事谈》卷二“猫五德”

日本正德四年（1714）刊本

转世为猫

《猫苑·灵异》引会稽陶蓉轩先生（名汝镇）云：“猫是灵性洁净的动物，跟牛驴猪狗迥然不同，所以被大众珍爱。而且自古以来奸诈邪恶的人，都转世沦落为牛马猪狗，比如白起、曹操、李林甫、秦桧等人，不一而足，没有听说有投胎成猫的。可见神异的生物，不与普通畜类等同。”——这就叫爱使人盲目。

事实上，自佛教的轮回转世之说进入中国开始，“转世为猫”，堕入畜生道，就不是什么好事，也并非没有恶人被传转世为猫。佛家讲六道轮回，畜生道是三恶道（畜生道、饿鬼道、地狱道）之一，食肉之兽更是恶中之恶。在猫未能获得普遍认同的唐末之前，这种情况更是明显。

《佛说分别善恶所起经》（后汉安世高译）：“悭贪而邪诳，多行盗贼人，死后为猫豺，虎狼肉食兽。”说的是，吝啬而贪得，邪恶而虚伪，多做强抢偷盗之事的人，死后会堕入畜生道，投胎为猫、豺、虎、狼这些肉食动物。

龙树《大智度论》（姚秦鸠摩罗什译）卷十七：“垂当得时[①]，有鸟在树上，急鸣以乱其意。舍树至水边求定，复

① 句谓将近参悟得道时。

闻鱼斗，动水之声。此人求禅不得，即生嗔恚，我当尽杀鱼鸟。此人久后思惟得定，生非有想非无想处。于彼寿尽，下生作飞狸，杀诸鱼鸟，作无量罪，堕三恶道。”说的是一个参禅者曾被鱼鸟打扰，生出杀鱼鸟心，后来果然转世为会飞的狸猫，杀生作恶。

《大勇菩萨分别业报略经》（刘宋僧伽跋摩译）：“邪贪无厌足，两舌离亲友，后受猫狸身，或作熊罴身。”两舌，即于两人间搬弄是非、挑拨离间，破坏彼此之和合。佛教认为这种人会转世为狸猫等畜生。

据《文殊师利问经》（见唐道世集《诸经要集》卷十七），食肉之人都是往世做过恶罗刹（恶鬼）的，而且来生仍会“还生恶罗刹等中”。“过去曾作罗刹眷属，虎狼师子猫狸中生”的人，今生即使偶然信佛，也会不由自主地亲近肉食，所以需要戒断，免受轮回之苦。

史上第一个因“转世为猫”出名的人，是武则天时代的萧淑妃。萧淑妃为武昭仪所害，故诅咒说：“愿武为鼠吾为猫，生生世世扼其喉。”据《阿毗达磨大毗婆沙论》（唐玄奘译），“当感有翅猫狸之形，水陆空行无脱我者”属于“恶愿”，可知萧淑妃之诅咒大有“同归于尽但要让仇人比自己更惨”之意。据明代僧人云栖在其《竹窗随笔》中说：“至今猫鼠中尚有二人受生，虽报复百千万遍未已也。”且言自己曾经因怜悯二人而作水陆法会来破解，但恐怕萧淑妃怨念太深，自己只是徒劳一场。反正猫因此得了一个雅号，叫作“天子妃”。

[清]丁观鹏《法界源流图卷》(局部)
吉林省博物馆藏

传说中史上第一个转世为猫的恶人，是北宋的章惇（1035—1105）。据北宋王辟之《渑水燕谈录》（《言行拾遗事录》卷四引）：徽宗大观（1107—1110）年间，有一个虞姓道姑，人称虞仙姑，八十多岁仍形同少女，精通道术，得徽宗赏识。蔡京曾设宴款待虞仙姑，席间有一只大猫，仙姑便指着猫跟蔡京说："认得不？这就是章惇转世。"时人对章惇评价不一，但仙姑说章惇转世为猫，堕入畜生道，明显对之持否定态度。与章惇同样权倾朝野的蔡京，听出仙姑这是在讽刺自己，所以很不高兴。猫又因此得了一个雅号，叫作"章惇后身"。

冯梦龙评价道："李义府[1]口蜜腹剑，人称'李猫'。章惇转世为猫，也在情理之中。只是不知道此后章惇又几世为牛，几世为娼。"

晚出的转世为猫传说中，猫虽然仍不脱畜生的基础形象地位，但其中却多见温情。《西樵野记》了庵事，已见拙文《猫奴图传》。类似而更早的故事可见于北宋方勺《泊宅编》卷五，大意谓：升中寺里有一个僧人，因为欠方丈金钱而内疚，死前发誓托生为畜生来报答，后来果然转世为猫。此猫长大后颇有灵性。

当然也有些故事中，并不强调猫的畜生身份，如宋《鬼董》卷四记杭州优伶"眼大郎"事。有些故事虽然提

① "义府"原误作"林甫"。

到“前身有过，合受畜生为猫”，但仍可修善行，如宋何薳《春渚纪闻》卷四“受杖准地狱”条。

清吴炽昌《客窗闲话续集》卷四“一技养生”中阎王言“怠惰之人”因“前世之福泽尚在”，所以“判作富贵家猫，眠锦绣而食膏粱，毋庸自力”，判去转世为富贵人家的猫儿，睡得温暖，吃得美味，不用辛苦营生。观此，则陶汝镇会以为大奸大恶之徒不投胎为猫，也是时代风气使然。

南泉斩猫

南泉是指唐代著名禅僧普愿（748—834），河南新郑人，俗姓王，人或称之为王老师。贞元十一年（795），于安徽池州南泉山建寺庙，潜修三十余年。大和（827—835）初年出山讲法，自此学徒云集，其中佼佼者为赵州从谂（778—897）。一日，寺中东西两堂的僧人争夺一只猫儿，南泉禅师来到堂内，取过猫儿说道："道得即不斩，道不得即斩却。"众僧出语皆不合南泉意，所以南泉便将猫儿斩杀了。晚上，弟子赵州返寺，行礼问候已毕，南泉将此事与之言讲，赵州于是脱下自己一只草鞋放在头上，就这样走了出去。南泉说："你当时如果在场，就救得那只猫儿了。"

此即禅宗著名公案"南泉斩猫"。今知最早见于唐释文远《赵州录》卷上，世人常见的版本来自北宋释道原《景德传灯录》卷第八等，文字大体相同。然而其实还有一个较早的版本，见于五代静、筠二僧所撰《祖堂集》卷第五：

南泉寺首座养的猫儿将某僧绊倒，因此发生了一些争端。有人将此事报给南泉，南泉便来到现场，拿过猫儿说道："有人道得么？有人道得么？若有人道得，救这小猫儿

[清] 任颐《南泉斩猫图》

命。”众僧无言以对，“南泉便以刀斩作两橛”。

下文并无赵州脱履事，但记了后世禅僧的相关对话：雪峰（822—908，法号义存）问老师德山（782—865，法号宣鉴）：“古人斩猫儿，意作麼生？”（南泉斩猫是什么意思？）德山没有说话，动手就要打走雪峰，雪峰便跑，德山又把他叫回来，问：“会么？”雪峰答：“不会。”德山道：“我这样苦口婆心，你还不会？”德山又问另外一个徒弟岩头（法号全豁）：“还会么？”岩头答：“不会。”

南泉提起下刀诛，六臂修罗救得无？
设使两堂俱道得，也应流血满街衢。

——光孝果慜禅师

历代灯录于“南泉斩猫”讨论甚多，聚讼纷纭，世称“难关”。北宋圆悟克勤《碧岩录》（此书颇有道破天机之誉）之第六十三则及第六十四则，即对此有过解读，兹不具引。然而我素无慧根，终不解个中真趣。总之，我对南泉斩猫的行为难以认可。

宋初的祖印禅师（归宗义柔禅师之弟子）某日上堂宣法，刚刚坐定，忽然有一只猫儿跳上其身，祖印便提起猫儿跟众弟子随口说了一篇偈子：

禅门猫话谱系图
六组慧能
南岳怀让
青原行思
马祖道一
石头希迁
百丈怀海
南泉普愿
归宗智常
天皇道悟
药山惟俨
黄檗希运
沩山灵祐
赵州从谂
云岩昙晟
船子德诚
临济义玄
仰山慧寂
光孝慧觉
德山宣鉴
洞山良价
夹山善会
临济宗
沩仰宗
雪峰义存
岩头全豁
曹山本寂
云居道膺
曹洞宗
玄沙师备
云门文偃
云门宗
清凉文益
法眼宗
归宗义柔
石霜楚圆
行林祖印
杨岐方会
黄龙慧南
杨岐派
黄龙派
东林常总
黄龙祖心
五祖法演
岳山祖庵主
灵隐慧远
光孝果慜

《禅门猫话谱系图》
橘子绘

昔日南泉亲斩却，归宗重显示玄徒。

如今卖与诸禅客，文契分明要也无？

随后祖印抛下猫儿，便回去休息了。其偈大意应该是说："当年南泉斩猫宣法，后来我的老师也将此公案对我们言讲。现在我把这只猫儿卖给你们，你们要不要把买卖合同写明白啊？"事见《天圣广灯录》卷第二十六《庐山承天罗汉院行林禅师》。

狸奴白牯

据《祖堂集》卷十六，南泉常对弟子讲："诸佛、诸祖不知有，狸奴、白牯却知有。""狸奴"即猫，此为汉语"狸奴"一词之滥觞。"白牯（gǔ）"，即白色母牛。狸奴、白牯，皆无知之物，借指根机卑劣、不解佛法之人。南泉此句，义在破除世俗成见，连狸奴、白牯都可以超越祖师、佛陀对佛学的领悟，一般修行者更有可能参悟无上妙法了。

同书同篇尚言：

有徒弟问："三世诸佛为什么不知有？"南泉答："争肯你喃喃！"（你怎肯低语！）弟子追问："狸奴、白牯为什么却知有？"南泉答："似他即会。"（你像它们那样你也能领悟佛法。）

其言又被表述为："三世诸佛不知有，狸奴白牯却知有。"南泉又曾言："请大众为狸奴白牯念'摩诃般若波罗蜜'[①]。"（皆见《景德传灯录》卷十）

《赵州录》卷上记僧徒问赵州："狗子还有佛性也无？"赵州答："无。"僧徒追问："上至诸佛，下至蚂蚁，皆有佛性。为何唯独狗子没有呢？"赵州云："因为它有业

① 可意译为"到达大智慧的彼岸世界"。

识性。”“业识性”，被禅宗认为是邪思恶念，会障蔽人的澄明心性。

一般所谓“赵州狗子”公案即如上所述。元释行秀《从容录》第十八则记之前尚有一僧徒问：“狗子还有佛性也无？”赵州答：“有。”僧徒追问：“既有，为什么却撞入这个皮袋？”（为何投胎成畜生？）赵州答：“为他知而故犯。”（它故意的。）

总之，其实这个公案还算好理解，无非是告诫僧徒不要执着于有无。一切众生皆有佛性，僧徒问狗子有无佛性，即有分别心，故赵州特意答无，以破其执着云云。

宋蕲州五祖山法演禅师：“狗子还有佛性也无？也胜猫儿十万倍。”（《五灯会元》卷第十九）所说仍是万法皆空。南泉言狸奴知有，赵州云狗子无佛性，五祖便说狗子之无佛性胜过猫儿十万倍，三家取义实同。

开眼曰猫

《猫苑·故事》："陆游诗：偶尔作官羞问马，颓然对客但称猫。汪钝翁诗：呼我不妨频应马，逢人何敢遽称猫？见葛翼甫《梦航杂说》。王笠舫衍梅诗：藤墩叉手懒称猫。见《绿雪堂诗集》。"（清汪琬号钝翁，王衍梅号笠舫）旧多以为此"称猫"典故出自苏轼《郭忠恕画赞叙》，以"称猫"指不谈政事。

郭忠恕，五代至北宋初年河南洛阳人，宋太祖建隆年间（960—963）免官后不复求仕进，游历于今陕西凤翔、西安及河南三门峡、洛阳一带。"逢人无贵贱，口称猫。"遇到人，不管其身份高低，郭忠恕都叫一声猫。此人工于绘事，又编定有字书。太宗召授之官，又以罪免，流放而死。但苏轼有意将之描摹成神仙，甚至说他最后尸解而去。

颇疑郭忠恕"称猫"的行为艺术来自佛家。据《五灯会元》卷七：

某日，德山禅师对弟子呵佛骂祖之后，有一个僧徒来看，作相扑之势。德山言："这么无礼，合该吃山僧我手中大棒。"（德山宣法，常用棒打，人称"德山棒"。）僧徒拂袖怒出，德山言："任凭你这般，也只得一半。"僧徒转身便呵斥起来，德山便打他，口中言："必须是我打你才行。”僧徒言：“各方自有明眼人在。”德山言：“天然有眼。”僧徒睁开眼睛道：“猫！”说完便走出去了。德山言：“黄河三千年一度清。”德山后见之前的僧徒回来，就闭上了门。僧徒敲门，德山问：“阿谁？”僧徒答：“师子儿。”（狮子的幼崽。）德山便把门开了。僧徒向德山行礼，德山便骑在他脖子上说：“这畜生何处去，何处来？”

唐代此德山弟子“擘开眼曰猫”，当为宋郭忠恕“颓然对客但称猫”所本，二者皆不正经说话。后世僧侣或隐士，便常如此“发神经”。

如《瞎堂慧远禅师广录》记：南宋某日，于天台国清寺中，一番（我这种“木头”理解不了的）机锋对答之后，弟子对瞎堂说：“谢师答话。”瞎堂回：“猫！”（此瞎堂慧远即道济之师，《济公全传》中所谓“远瞎堂”者。）类似这般令人抓狂的“猫！”，还出现在《万松老人评唱天童觉和尚颂古从容庵录》《雨山和尚语录》《雪窦石奇禅师语录》等禅宗文献中。

明末清初杭州诗僧寂然（1597—1659），俗姓孙，字静远，号由庵，居青芝坞。自幼父母双亡，由祖母抚养，然而聪颖非常，且至性淳孝。祖母信佛甚笃，遂命之幼年出家。明万历末，高僧密云（1566—1642，法号圆悟）在嘉兴金粟山讲法，寂然前去拜望，问以“父母未生前”（或即“我”从哪里来），密云便以手掩面，张开指缝，睁开双眼，说了一声：“猫！”寂然因之醒悟：“百丈且聋，黄檗吐

[北宋]李公麟(传)《莲社图》(局部)
(图片经过处理)

石，信知有者般时节！[1]”此后遂修佛有成。事见清《全浙诗话》卷五十三“寂然”条。

黄汉《猫苑·名物》引此，并且说当时（清代中晚期）的浙江温州有一种哄小孩的游戏，就是“以手掩面，分指擘开口眼而喝曰猫”。黄汉又说，刚开始他还不知道这个游戏的意义，现在根据寂然的这段故事想到，难道这个游戏中还有禅机？

禅机？反正我只觉得“开眼曰猫”这个动作确实有那么一点可爱。

与寂然同时期还有一条相关内容，见于冯梦龙《古今谭概·非族部第三十五·貌》，说拘缨国（此国本见于《山海经·海外北经》，或作“狗缨国”者误）中有一种名叫“貌”的兽，三国吴大帝孙权当政时尚有见之者。此兽“善遁入人室中”，偷吃之后会大叫。但人去找它，却找不到。所以至明万历年间，吴地（今江苏苏州一带）民间仍有一种游戏，就是伸出空拳来跟小孩说：“我吃了你。”然后张开巴掌说：“貌。”

黄侃以为此“貌”字当作“毛”，即“无”之音转（清翟灏撰，颜春峰点校《通俗编》卷三十三，中华书局2013年

① “百丈”指唐洪州百丈山怀海禅师（马祖道一的徒弟，南泉普愿的师兄弟），“黄檗”指唐福州黄檗山断际禅师希运（百丈怀海的弟子）。一日，百丈怀海对大众说：“佛法不是小事，老僧昔被马祖道一禅师大喝一声，直弄得三日耳聋（却因此开悟）。”黄檗希运闻之，不觉吐舌。（大概是表示自己也可以舍弃舌头来求法）原文中“者”即“这”，“信知有者般时节”，谓前世大德高僧所谓的开悟就是这个样子的。

版）。张开巴掌什么都没有，今亦常言“有个毛”。其兽或即猫之讹传，亦即狸，古所谓“伏兽”者，所谓“善遁”“窃食”，明显是猫的特点，“猫”“貌”“毛”音皆相近。如此看来，寂然见密云开眼言“猫”，或许因之悟到的是“无”，即所谓“万法皆空”。

与猫相关的开悟故事还有一个更早的。两宋之交，福州的中际善能禅师，当年在云居善悟禅师那里学道时，久久不能开悟。偶有一日僧众集体劳作之后，老师善悟忽然把一只猫儿抛到徒弟善能怀中。徒弟善能正想说点什么，只见老师善悟一个高抬脚将之踹倒。从此之后，善能便“大事洞明”了。事见《嘉泰普灯录》卷第二十《云居高庵善悟禅师法嗣·福州中际能禅师》。

俗言“虎毒不食子”，又偶见猫儿自食其子。清初有两段公案与此有关。

《昭觉竹峰续禅师语录》卷五中记载，有僧徒问：“虎以肉为食，因甚么不食其子？”竹峰答：“无他下口处。”僧徒追问：“猫以肉为命，因甚食其子？”竹峰答：“食得不为冤。”僧徒追问：“鱼以水为命，因甚么死在水中？”竹峰答：“随乡入乡。”

《高峰乔松亿禅师语录》卷一中记载，有僧徒问：“虎以肉为食，因何不食其子？”乔松答：“虎。”僧徒追问：“猫以肉为食，因甚又食其子？”师答：“猫。”

悟彻死猫头

吞却死猫头，悟彻无上义。

——孙荪意《所爱猫为颖楼逐去作诗戏之》

孙荪意养的猫儿被丈夫高颖楼赶跑了，所以她写了一首长诗来跟丈夫撒娇，这是最后一句。高颖楼信佛，所以孙荪意就用佛家典故来说事。唐末五代时期，弟子问曹山（840—901，法号本寂）："世间什么物最贵？"曹山答："死猫儿头最贵。"弟子追问："为什么死猫儿头最贵？"曹山答："无人着价。"（《五灯会元》卷第十三）本来，无人出价之物最廉价，但曹山却偏说它最贵，破除成见。（佛家巫术中会用到死猫头骨，医书中也偶见以死猫头骨入药，但恐不合孙诗之意。参《千手千眼观世音菩萨广大圆满无碍大悲心陀罗尼经》及《千金方》等。）孙荪意表面是跟丈夫说："你吃了这无价之宝死猫头，就可以领悟无上的佛法了。"其实是嘲讽高颖楼："参悟你个大头鬼！"

禅宗公案中，有关猫的内容其实还有很多，今再略举几例：

一次，南泉与归宗（法号智常）同行，南泉在后，归宗在前。草丛中忽然走出一只老虎，南泉害怕了，不敢前行，便叫归宗。归宗回来一声断喝，老虎便钻进了草丛。南泉问：“师兄见大虫似个什么？”归宗答：“相似猫儿。”（像猫。）南泉云：“与王老师犹较一线道。”（跟我还差一点点。）归宗反问：“师弟见大虫似个什么？”南泉答：“相似大虫。”见《祖堂集》卷十六。

有僧徒见到一只猫儿，便问赵州：“某人将之唤作猫儿，老师您将之唤作什么呢？”赵州答：“是你唤作猫儿。”见《赵州录》卷下。

有僧徒问：“如何是佛法大意？”赵州答：“猫儿是一百五十文买。”僧徒追问：“我不问猫儿，我问佛法的要意。”赵州答：“这橐子是大王送来。”僧徒说：“谢师答话。”赵州云：“作家师僧，天然有在。”（作家，精于禅家机锋者。师僧，堪作国师之僧人。句谓大德高僧自然存在，我不算什么。）见《联灯会要》卷六。

《五灯会元》卷第十八《青原信禅师法嗣·岳山祖庵主》：“偶遣兴作偈曰：小锅煮菜上蒸饭，菜熟饭香人正饥。一补饥疮了无事，明朝依样画猫儿。”是为“依样画猫儿”典故所出。原只是“照旧”之义，后来生出“照猫画虎”等义。

宋僧言“猫有歃血之功，虎有起尸之德”[①]。按：《宋史·蛮夷传三》：“承贵等感悦奉诏，乃歃猫血立誓，自言

① 《五灯会元》卷十一《首山念禅师法嗣·叶县归省禅师》：“问：如何是和尚深深处？师曰：猫有歃血之功，虎有起尸之德。曰：莫便是也无？师曰：碓捣东南，磨推西北。”《嘉泰普灯录》卷第十《昭觉绍觉纯白禅师法嗣·成都府信相正觉宗显禅师》：“游庐阜回，师以‘高高峰顶立，深深海底行’向所得之语告之。祖曰：吾尝以此事诘先师，先师云，我曾问远和尚，远云，猫有歃血之功，虎有起尸之德。非素达本源，不能到也。”《禅宗颂古联珠通集》载南岩胜之颂曰：“猫全食血功，虎备起尸杀。”

奴山摧倒，龙江西流，不敢复叛。”此事《续资治通鉴长编》卷八十八系于真宗大中祥符九年（1016）。又大中祥符六年（1013），亦有“立竹为誓门，刺猫狗鸡血和酒饮之，誓同力讨贼”之语，见《宋史·蛮夷传四》。《宋史·寇瑊传第六十》提及寇瑊亦曾“用夷法，植竹为誓门，横竹系猫、犬、鸡各一于其上，老夷人执刀剑，谓之打誓，呼曰：‘誓与汉家同心击贼。’即刺牲血和酒而饮”。

《五灯会元》又有“猫儿上露柱”“失却斑猫儿”“抱取猫儿去”“驴马猫儿”“两个猫儿一个狞”“猫儿戴纸帽”“寒猫不捉鼠”“猫儿会上树”“更是一般也大奇，猫儿偏解捉老鼠”“牡丹花下睡猫儿”等语，我等愚钝，皆不解其中禅理。道场明辩禅师曰：“猫儿洗面自道好。”[1]又于室中垂问曰：“猫儿为什么爱捉老鼠？”——鬼知道为什么啊！

明莲池袾宏和尚住杭州云栖寺时，侍郎王宗沐来说：“夜来老鼠唧唧，说尽一部《华严经》。”莲池云：“猫儿突然出来时如何？”王宗沐无语以对。莲池自答：“走却法师，留下讲案。”遂作颂曰：

① 《嘉泰普灯录》卷第十六《龙门佛眼清远禅师法嗣·湖州道场正堂明辩禅师》：“佛眼禅师忌，师拈香曰：龙门和尚，阐提潦倒。不信佛法，灭除禅道。拶破毗卢向上关，猫儿洗面自道好。一炷沉香炉上然，换手槌胸空懊恼。遂摇手曰：休懊恼。”“拶”疑通“扎”，“毗卢”为佛真身之尊称（或说即大日如来），“关”通“贯”，“拶破毗卢向上关”即“反了天了”。“猫儿洗面自道好”就是“好”的意思。全文大概是说：佛眼老师呵佛骂祖，反了天了，这样很好。我烧上高香，捶胸说懊恼。然后自己又摇手，说不要懊恼。

[清] 庄豫德《摹贯休补卢楞伽十八应真册图》(局部)

老鼠唧唧，《华严》历历。

奇哉王侍郎，却被畜生惑。

猫儿突出画堂前，床头说法无消息。

无消息，《大方广佛华严经》，《世主妙严品第一》。[①]

① 见《续指月录·尊宿集·尊宿机录·杭州云栖莲池袾宏禅师》。

有关猫的『血泪史』

家猫从亚非交界的古埃及走出来之后，命运甚为坎坷。在欧洲中世纪，人们对猫犯下的恶行，可谓罄竹难书。相对而言，家猫在中国的际遇并没有多么恶劣。从家猫刚开始进入中国的南北朝，到获得国人喜爱的唐代后期，这三百多年内，国人虽有对猫充满恐怖、厌恶等负面情绪，但并没有出现“屠猫狂欢”那样太过分的事件。相关内容，我之前写过《猫鬼》和《大唐长安的狸猫魅影》，如今再将其他相关内容整理出来。有些个体事件虽然灭绝人性，但相对于欧洲古代，还是要温和得多。

本文固然会打破人和猫自古其乐融融的谎言，揭示猫在人类历史上待遇与形象的多面性，但诸位读者莫要惊惧。因为真实的世界往往就是如此，不符合你的期待。

食猫：无情未必真豪杰

“燕赵古称多慷慨悲歌之士”（韩愈《送董邵南序》），即尚豪侠。豪侠有诸多特点，如崇尚义气、武力，鄙视男女关系等。其对血腥、疼痛、死亡的容忍，尤为震撼世人。唐太宗贞观年间（627—649），恒州（治所在今河北正定县）有彭闼、高瓒二人，以豪侠相斗。在一次大型欢聚酒会上，二人就当着大家的面比拼。彭闼活捉来一只小猪，从头咬到脖子，然后把小猪放到地上，小猪仍能跑动。高瓒捉来一只猫儿，从尾部开始吃，吃到肚中肠皆尽，猫儿仍惨叫不断。彭闼因此慑服。

不过高瓒活吃猫这种惨绝人寰的事情，只是偶尔出现的，后来的豪侠故事再也与虐猫无关。侠骨与柔情，反而成了近代武侠文化里的标配。

> 无情未必真豪杰，怜子如何不丈夫。
> 知否兴风狂啸者，回眸时看小於菟。
>
> ——鲁迅《答客诮》

有关国人食猫的记载，最早可见于《礼记·内则》的“狸去正脊”（吃猫时要去掉脊柱的前段），但食猫在后世不甚流行。家猫进入中国之后，由于肉不好吃，所以国人更不怎么吃。古人常说，野猫肉可食，家猫肉不好吃，一般也不做药用。相传为元末人贾铭所作的《饮食须知》卷八《兽类》："狸肉，味甘，性温。""家猫肉，味甘酸，性温，肉味不佳，亦不入食品。"（李时珍《本草纲目》说同）

可以想象的是，食猫在中国古代并不算太特别。而人们一般不吃猫，吃猫时通常也没有残虐之心。《猫苑·灵异》卷四引镇平（今广东梅州蕉岭县）黄香铁待诏（名钊）云："余乡人多喜食猫肉，谓可疗治痔疾。"陶文伯（名炳文，安徽淮南人）云："猫肉食者甚少，惟铁匠喜食之，以其性寒，可泄积热。"张暄亭参军（德和）云："罗定州（今广东云浮市）人皆喜食猫肉，与嘉应州（今广东梅州市）人喜食犬肉同，岂其别有滋味耶？"大体清代南方人喜欢吃猫肉，以致为外国人所见，讹言中国人普遍食猫[①]。

明代金坛（今属江苏常州）人邓某胃口甚大，每顿饭要吃米饭五升，猪肘子一只，鸡鸭鹅各一只，其他零食和酒也很多，大约一顿饭要几十斤食物，每天吃两顿。有人欠他钱，只要能管他一顿饱饭，他就放弃债权。一次，有个欠他很多钱的佃户请他吃饭，席间猫吃了他的鹅，他就杀了

① "勒努瓦神甫说，巴黎的低档餐馆常用猫肉代替兔肉，中国人直接把猫肉制成美食。在肉铺里，硕大的猫被吊着脑袋或者尾巴卖。"（[法]尚普弗勒里著，邓颖平译：《猫：历史、习俗、观察、逸事》，海天出版社，2019年，第177页。）

猫来吃，竟然意外地觉得猫肉很好吃。但从此之后，邓某就不再能够海吃了。有人说原先邓某腹内有肉鼠，鼠见猫即死，所以吃了猫肉就不能海吃了。事见《坚瓠集》续集卷之三引《漱石闲谈》。

古人对食猫一般也不太认同，故古书中谈及食猫者或涉及残虐。传说在中唐元和初年，长安城中有一个恶少，名为李和子。其天性残忍，常常偷窃人家的狗和猫来吃，街市之人皆以之为患（“和子性忍，常攘狗及猫食之，为坊市之患”）。后来见鬼差，地府文书上写着自己“为猫犬四百六十头论诉事”。最后李和子因之而死。事见《酉阳杂俎·续集》卷一《支诺皋上》。此等果报传说，后世自然不少。其中果报虽不可以当真，但事情多数真实发生过。

清代劝善之书中记：某姓少年染肺痨病，听人说以猫胞衣和药可治之，依法行之果然病愈。但数月之后，少年忽然被鬼差押送到东岳大帝处，见一猫趴伏于堂上，口出人言，状告自己被取胞衣而死的惨案。岳帝罚少年以掌嘴，并让少年为猫儿超度。事见汪道鼎《坐花志果》下卷“安港东岳庙三则”。此事明显是由于癔症。

清乾隆年间，闽中（福建福州的古称）某夫人“喜食猫”，每次得到了猫，就事先在坛子里放好石灰，然后再把猫丢进去，最后往里面灌沸水。猫被白灰之气所侵蚀，所以被毛尽数脱落，无须拔除。其血液全部流入内脏，所以其肉莹白如玉，味胜鸡雏十倍。夫人日日张网设机，捕杀之猫不计其数。后来夫人病危，呦呦学猫鸣，十余日而死。事见纪昀《阅微草堂笔记》卷四《滦阳消夏录四》。

[清]沈振麟《耄耋同春册》(局部)

窃食：偷鸡溺屋总无惩

南宋初，临安城的一只猫儿偷吃了家人没藏好的干兔肉，负责此事的婢女庆喜因此遭到主母责骂。庆喜因此发怒，捉住猫儿，将猫儿狠狠地摔在柴堆上。恰巧柴堆上有一个尖刺，正插穿猫儿肚腹，致使猫儿内脏流出，惨号一昼夜而绝命。

此后一年，庆喜因晒衣服，失足倒地，恰巧地上有一只锋利的竹片，将其小腹戳穿，致使庆喜失血过多，死于次日，颇似猫死时景象。时人以为此是猫报冤。

婢女庆喜死后二十二年，时间来到绍熙壬子（1192）夏，主母忽然染上水蛊病（一种因血吸虫等引起的臌胀病），病情逐日加重。仆人王富，通过天井巷茶铺老板钱用，为主母找了一个熟悉通灵术的人，外号“潘见鬼”。

潘见鬼通过焚香、烧纸钱等一系列操作，在自己供奉的神像和灯火前放一块手绢，让人们看到一个女子正和一只猫儿相对而立。潘见鬼说：“人和猫都有冤屈，但我也不是很清楚究竟怎么回事。”主母听说之后很吃惊，说：“当年我确实怒责过庆喜，但她的死是因为跌伤，不是我杀的。为何庆喜要这般作祟？”

仆人王富又为主母去求潘见鬼，通过童子附体听到鬼说:“我就是庆喜,当年死于非命,确实是因为自己跌倒,不是主母杀我。但我的死到底是因主母而起。以前主母阳寿未尽,我多年不去投胎,熬到现在,她终于可以来地府跟我对质了。”

潘见鬼许诺超度庆喜,庆喜不答应。被附身的童子忽然又发出几声猫叫声,随后便昏睡过去,好不容易才恢复神智。大概猫也不答应就此作罢,要定了主母的命。最后主母果然是死了。

主母死后,茶铺老板钱用去吊丧,回家后梦到庆喜对他说:“我自抱冤,与你何干?你偏偏让潘法师从地狱中拘我来!现在不委屈你到地下来作证,是不行的了。”钱用醒后便开始发烧,几天后就死了。

[清]沈振麟《耄耋同春册》(局部)

事见洪迈《夷坚志》支景卷四及支丁卷五引吕德卿说。《阅微草堂笔记》卷十三《槐西杂志三·述舅陈德音家事》中也有一个类似的故事，但远没有这般血腥恐怖：

有一个婢女讨厌猫儿偷食，所以见了猫儿就动手打，猫儿听到她的咳嗽和笑声都会赶紧逃跑。一日，主母睡觉时让她看守房屋，醒来时发现盘中丢失了几个梨。屋中并无别人，猫狗也不可能吃梨，丢梨的责任自然落在婢女身上，主母把她狠狠打了一顿。晚上，人们忽然在灶膛中发现了白天丢失的梨，每个梨上面都有猫爪和猫牙的痕迹——原来梨是猫儿故意叼走藏起来的，以此报复婢女，让她也为此而被打。婢女怒甚，又不能报复主母，于是要拿猫撒气。主母说：“我不能纵容你杀猫。如果你杀了猫，恐怕冤冤相报，不知会出什么怪事。”自此之后，这个婢女就不再打猫了，猫见了婢女也不再逃避。

猫儿偷食本是生活中常见之事，民间遂有“偷食猫儿改不得”（宋苏轼《杂纂二续》）、“那（哪）个猫儿不吃腥”（元《相国寺公孙合汗衫》）、“猫口里挖食”（明冯梦龙《古今谭概》）等俗语。甚至专有“馋猫”一词。元郑介夫《太平策》：“夫畜猫防鼠，不知馋猫窃食之害愈甚；养犬御盗，不知恶犬伤人之害尤急。”（《历代名臣奏议》卷六七）

大概民间一般不是很在意猫偷食之事，元许有壬之诗所谓“守器保衣皆有效，偷鸡溺屋总无愆”（《至正集》

［清］许缵曾辑《太上感应篇图说·土部·强取强求》
清乾隆二十二年（1757）云间许氏刊本

卷二十二《明初畜佳猫爱之甚至舟次滁逸去作诗唁之》)。“偷鸡溺屋总无愆”的意思是，猫偷鸡和在屋里小便常常不被人当作过错。有时(人们)还将猫偷吃的事编入笑话中：明陈良谟《见闻纪训》中说有一个姓杨的私塾先生，喜欢占小便宜。某日坐在家门口，见到一个妇人经过时掉落一只银簪，铿然有声。杨塾师默不作声，等妇人走远，他才走到银簪掉落处。可是银簪遍寻不见，只见到石缝内有一只蚯蚓。良久，有一男子经过，随手就把那只银簪拾起来。杨塾师跟人家说：“这是我掉的，你要还我。”人家知道他说的是假话，本来不想理他，但他拉着人家衣服不让人走，人家只好给了他二分银子，才拿走银簪。杨塾师用一分银子买了一条鱼，一分银子打了一壶酒，回到家让妻子煮鱼温酒。这时，邻居家的猫忽然跳到锅上，杨妻拿着木棒照猫就打。可是猫自衔鱼而去，木棒只把酒打翻。最后，杨塾师什么也没落着，“人皆怜而笑之”。

但有时就很不愉快：有一少年买回一块肉干，回到家暖酒时，肉干被猫偷吃了。酒暖后，少年发现肉干没了，气得随手拿起床边的火钳，一下就将猫打死了。当天晚上，少年便得了病，发疯般站起来高呼死去的猫在他身边不肯离去，闹到半夜直至丧命。事见《猫乘》卷四引《夷坚附录》。

残虐：苦竹丛头血未干

猫之残虐，有目共睹。鲁迅曾说："它的性情就和别的猛兽不同，凡捕食雀鼠，总不肯一口咬死，定要尽情玩弄，放走，又捉住，捉住，又放走，直待自己玩厌了，这才吃下去，颇与人们的幸灾乐祸，慢慢地折磨弱者的坏脾气相同。"（《狗·猫·鼠》，见《朝花夕拾》。）猫在带给一部分人快乐的同时，也在带给人和一些小动物以深刻的苦痛。以下故事，原文本各有中心思想，猫之残虐夹于其中。

传说五代时，曾有一对燕子在屋檐下筑巢，养育了几只雏燕。忽然雌燕被猫儿捕食，雄燕哀鸣良久才飞离。后来雄燕又找来一只雌燕，继续哺育雏燕。但没几天，雏燕就逐数掉落于地，惨叫而死。孩童剖开雏燕，发现其嗉囊中有一些蒺藜，人们才知道雏燕是被后来的雌燕害了。事见《玉堂闲话》引范质说。原文为说继母之事。

元元贞二年（1296），亦有双燕筑巢于燕人柳汤佐之家。某夜，家人捉蝎子时举灯照明，雄燕被不小心惊落，遂为猫儿捕食。雌燕徘徊悲鸣不已，每日守着燕巢，直到雏燕长大飞离。第二年，孤独的雌燕又飞来柳家故巢。人见巢中有二卵，怀疑雌燕已另寻配偶。但细一观察，所谓二卵，只是两个空壳。自此春去秋来，共计六载，燕来如故。

事见元王逢《梧溪集》卷三《读贞燕记有怀鲁道原提学》引冯子振《贞燕记》。原文宣扬忠贞观念。

清末小说《玉燕姻缘全传》第四十七回开头有一篇“闲词”（与书中内容无关的诗词）：

画梁双双喜燕，衔泥空作窝巢。
一天打食教千遭，只恨儿孙不饱。
养得嘴上黄噱未退，身上刚长翎毛。
竟自腾空飞去了，飞在人间画梁高斗，任他散淡逍遥。
遇着一个狠心的狸猫，跟随不相饶。
一爪儿搭住，连皮带骨，一齐嚼了。

此词改编版至今仍广泛用作曲艺界的定场诗，后几句常作：“飞到旷野荒郊，遇见避鼠的狸猫，连皮带骨一起嚼，可叹小燕儿的残生丧了。”

以上三条说的是猫对野生动物的残害。

北宋英宗治平年间（1064—1067），开封府咸平县（今河南通许县）人朱沛好养鸽子。一日，所养鸽子被猫儿捕食，朱沛大怒，断猫四足，残猫于堂上匍匐数日而死。他日，鸽子又被猫儿捕食，朱沛又断猫足，前后杀猫十余只。后来朱沛之妻连生二子，皆无手足。事见北宋刘斧《青琐高议》后集卷三“猫报记”条。原文宣扬果报观。

南宋俞德邻《佩韦斋文集》中有两篇与猫有关的诗

文。卷十二之《义猫说》，为较早的“义猫”专题篇章，文中对母猫抚养遗孤的“义”大加赞扬。而卷三中有《猫燕行》一篇，似以猫喻酷吏，以燕比贫民，猫之“不仁”于其中可见一斑：

燕飞画梁猫越屋，飞走性殊岂相毒。
饥猫攫燕欲何为，燕比他禽况无肉。
可怜乳燕未出巢，探头伺乳声嘲嘲。
母去不归子饥饿，柔而害物嘻汝猫。
汝猫不仁燕何罪，我思里人为心痗。
父逃官逋母系官，悍吏催钱夜打门。
一朝母作沟中瘠，三女一子家四壁。
官司株逮尚不休，诸孤骈首为累囚。
传闻诏书复逃户，日夜茕茕望其父。
父存父没竟不知，此冤此苦苏何时。
皇天覆帱均四海，人灵万物为物宰。
民之无禄天荐瘥，况此微物知奈何。
呼童屑米哺乳燕，一夜哀伤泪如线。

明代大儒吴与弼家曾养过一只打鸣公鸡，不料竟被野猫咬杀。于是吴公作诗一首，焚稿祭奠于土地庙前，诗曰：

[清]沈振麟《耄耋同春册》(局部)

吾家住在碧峦山，养得雄鸡作凤看。
却被野狸来啮去，恨无良犬可追还。
甜株树下毛犹湿，苦竹丛头血未干。
本欲将情陈上帝，题诗先告社公坛。

传说后一夕雷雨，次日天明果见野猫被雷劈死在土地庙前。事见明董谷《碧里杂存》下卷“狸啮鸡”条。果报事不必真，但吴公的痛心与恨意，则异常深切。其诗平白如话，但情感充沛，亦不失为佳作。

古往今来，固然有不少人倚仗猫儿灭鼠，并将其事形诸文字者。然而也有很多人养猫为捕鼠，结果发现自己的猫不但不能捕鼠，反而残害家禽，偷吃鱼肉。唐代牛僧孺有《遣猫》，宋代洪适有《弃猫文》，元代有李俊民《群鼠为耗而猫不捕》，明代有薛瑄《猫说》、胡侍《骂猫文》，清代有朱长孺《猫说》、黄之骏《讨猫檄》、梁同书《檄狸奴文》等诗文，皆说此类。也有像元舒頔《猫不捕鼠说》、清朱用纯《不捕鼠猫说》那样不以为意的，但大多诗文中表现的是“忍不了”。罗大经说：“余谓不捕犹可也，不捕鼠而捕鸡则甚矣。”（《鹤林玉露》丙编卷五）猫不捕鼠，人可以忍，但不捕鼠还捕鸡就过分了。所以胡侍大骂之，薛瑄“笞而放之”，朱长孺最狠，先骂之，后鞭之，最后沉之于公厕。

罪业：冤冤相报何时了

世间有善便有恶，有些恶还是由“爱”而生，有些恶是纯恶，最可怕的恶是不自知的恶。

清中期，苏州有一个书生，生性残暴，害过很多动物的命。他家养了一只猫，本甚受书生爱惜，后来因为窃食，就被书生将四爪钉在木板上，扔到了河里。书生后来考中进士，在北京当官，家眷去北京投奔他时，路过一家旅店休息。其妻怀抱其子，其子刚满周岁。只见一旁趴着一只猫，颇似当年所畜。其妻好奇，捉起猫儿查看，猫儿忽然一阵咆哮蹬踹，抓伤了其子，其子因此受惊，啼哭不止。店里主妇说：“几年前，我丈夫在苏州见到一只可怜的猫被钉在木板上，漂到船边。就捞起木板，拔去铁钉，收养了它。它平时特别乖，不知今天为何如此顽劣。”书生之妻听言，只能默不作声，心知此为冤冤相报。后来，其子竟然因此而夭亡。事见《衔蝉小录》卷四。

清代福建、浙江一带，在山里种香菰的人，常常将猫儿挖去双眼，扔在山中让它四处乱跑乱叫，用以吓唬老鼠。猫已经瞎了但有吃的，就不往别处去了，只有没日没夜地瞎叫。事见《猫苑·名物》引王朝清《雨窗琐录》。就连常常恶趣味的《猫苑》作者黄汉都说：“此祛鼠之法虽善，

［清］沈振麟《耄耋同春册》（局部）

未免恶毒，亦猫之不幸也。”并说温州人把愚昧不懂事而且喜欢瞎指挥别人的行为，戏称为“香菰山猫儿瞎叫”。

清道光十六年（1836）某日，广东阳春县（今阳春市）修衙门，工匠正准备吃饭，忽然发现饭已经被猫儿偷吃过了。工匠很生气，随即抓住这猫，活活地把它筑在了墙里。竣工以后，衙门里非常不安宁，下人和小孩病死了许多。找人占看，才知道这是猫鬼作祟，在某面墙里，拆墙后果然找到死猫。人们遵照巫师的交代，用香锭祭奠，远远地把猫葬在了荒野。此后衙门恢复了平静。事见《猫苑·灵异》引蒋稻香（名田）说。

明清之际有一个农夫养了一只纯黑的猫，某日猫在炉火旁熟睡，农夫忽然把熔化的锡灌入猫口中，把猫杀死，最后用猫皮做了一顶帽子。几天后，农夫忽然大叫一声“猫啮我喉”，然后口不能通，遂饥渴而死。事见施闰章《矩斋杂记》卷上“猫报”条。[①]

清乾隆年间，景州（今河北省衡水市景县）有一个官宦子弟，喜欢找小猫小狗之类的，拿来折断四肢，使其下肢向后，欣赏其蹒跚跳号的样子。如此所杀甚多。后来他生的子女，都是脚跟朝前的。事见《阅微草堂笔记》卷四《滦阳消夏录四》。

① 《衔蝉小录》卷四言引自《冷赏》，今所见郑仲夔《冷赏》无此条。

宠溺：交臂失之诚可痛

世间最令人痛心的，往往不是没有感情。而是你口口声声说着爱我，却从来没有了解过我，甚至在残忍地伤害我。庄子曰："吾终身与汝交一臂而失之，可不哀与？"

明末清初南京秦淮河畔有所谓"秦淮八艳"，其为首者即顾媚（号横波）。顾媚最后嫁的是合肥龚鼎孳（号芝麓），为一代文宗。顾媚天性爱猫，养了一只名叫"乌员"的猫，每日在花栏绣榻间徘徊抚玩，视之如掌上明珠，"饲以精粲嘉鱼，过餍而毙"（给猫吃精餐好鱼，最后猫吃得太饱而死去）。乌员死后，顾媚连日伤心，茶饭不思。龚鼎孳特意以沉香做了棺木埋葬乌员，又延请了十二个尼姑，为乌员做法事三日三夜。事见钮琇《觚剩》卷三《吴觚》。

我不太相信顾媚的猫会把自己撑死。一来猫不爱吃人类意义上的精餐，二来猫不能吃人类意义上的精餐，因为盐分太高。所以，我认为猫其实是被顾媚"折磨"死的。龚鼎孳本为明代大臣，后来投降李自成的大顺，最后清兵来了又降清，身仕三朝，可以说是毫无气节。但又因护卫士人，颇得人心。总之，这两口子都比较虚伪。

两宋之间，郭尧（字献可）之妻高氏修密宗佛法，每日诵读《白伞盖咒》。靖康之难以后，郭家搬迁到山阳县

（今江苏淮安市淮安区）避难。某日，郭尧对妻子说：“你念这个咒语有什么用呢？”又指着自家养的猫说：“可以让这只猫转世为人吗？”于是高氏就在猫前诵咒，当晚猫就死了。郭尧没有在意，以为是偶然事件。又过了几天，郭尧抓住了一只野猫，又对妻子说：“还能让这只猫转世为人吗？”高氏亦为之诵咒，当夜野猫亦死。事见宋马纯《陶朱新录》。

令人脊背发凉的故事不止于此。

明末清初，平阳县（在今浙江温州）灵鹫寺僧人妙智养了一只猫，每回有人讲经时，这只猫就趴在座位下面听。猫死后被僧人埋葬在某处，后来其地忽然生出莲花来。众僧挖开泥土，发现莲花是从猫口中长出来的。事见清劳大

［清］沈振麟《耄耋同春册》（局部）

舆《瓯江逸志》。

清中期，南宁（在今江苏南京）有一个姓王的御史，王御史有一个老妾，活到七十多岁。老妾养了十三只猫，爱如己出，每一只都有名字，人呼名，猫即来。乾隆五十四年（1789），老妾病亡，十三猫绕棺哀鸣。鱼肉在旁，猫只是流泪不去吃。三日之后，十三猫同时死去，为主殉葬。事见袁枚《子不语》卷二十三“十三猫同时殉节”条。

以上三事中猫的死因，皆极可疑。

> 枯肠痛饮如犀首[①]，奇骨当封似虎头[②]。
> 尝笑庙谋空食肉[③]，何如天隐且糟丘[④]。
> 书生幸免翻盆恼，老婢仍无触鼎忧[⑤]。
> 只向北门长卧护[⑥]，也应消得醉乡侯。
>
> ——《猫饮酒》

此金人李纯甫之诗，见《中州集》丁集第四。《猫苑》（卷上《灵异》）作者黄汉竟然说，他亲自做过实验，猫确实可以饮酒。但不可以忽然给它一整杯，需要先拿酒蘸抹

① 犀首，即战国纵横家公孙衍，后世代指无事好饮酒之人，典出《史记·张仪列传》。

② 燕颔虎头，飞而食肉，万里侯之相，典出《东观汉记·班超传》。

③ 食肉，典出《左传·庄公十年》“曹刿论战”。

④ 天隐，隐藏天性，在任何地方都一样，是隐逸的最高境界，典出《中说·周公》。且，几乎。糟丘，酒糟积成的山丘。

⑤ 鼎，这里应该是指鼎形小香炉。翻盆、触鼎，都是指猫打翻家中物什。

⑥ 北门卧护，卧榻中治理政务，典出《新唐书·裴度传》。以上参考张静《中州集校注》。

猫嘴，猫舔舐着觉得有滋有味了，便不会受惊逃跑。如此十多次之后，它就会觉得醉醺醺的了。

黄汉又说：“今之猫又能食烟。”引陈寅东巡尹（名杲）说：浙江有一个县尹叫张小涓，曾经寓居温州。养有几只猫，常登其烟榻，张小涓用烟喷猫，猫也会用鼻子迎着烟，时间一长，猫的状态就如同醉酒。每次张小涓点灯吸水烟，猫儿就会凑过来，收起烟具时猫就会离开。“于是人皆谓张小涓猫亦有烟念，闻者莫不粲然。”黄汉也说：“然则猫于烟酒乃有兼嗜焉，亦可笑也。”

我见此“粲然”“可笑”，心会滴血。古人三种猫书（另外两种是《猫乘》和《衔蝉小录》），以《猫苑》流传最广。但黄汉的品位，却是很低的。除了迷信占梦、偶涉色情，最让人恶心的就是用“赏玩”的态度给猫喝酒吸烟了。酒精对猫的伤害很大，重者会导致死亡。猫喜欢气味重的东西，所以张小涓的猫吸烟的行为很可能是真实的，而烟草对猫的伤害也很大。

伪惑：或孝或义皆非我

“猫相乳”，就是母猫给非亲生的小猫或别的小动物喂奶，这种事最早在唐代就有记载，而且在唐代就有很多人批评。如王燧家猫狗相乳被《朝野佥载》揭穿，崔祐甫指出“猫鼠相乳”并非祥瑞等。无奈古书中此类记载颇多，大多还是不以为耻的。哺乳动物产子后会分泌大量乳汁和催乳素，所以自然会给幼崽喂奶。以人类的道德和情感过度比附到动物身上，入戏太深，甚至故意造假，实在恶心至极。

相关内容我已经写过《伪孝伪义》《大唐长安的狸猫魅影》等文章，但古籍中还有很多资料可以转述出来。

历代言“义猫”之诗文并不罕见，除韩愈《猫相乳说》之外，最有名的恐怕是徐岳的《义猫》（见《见闻录》卷二，诸家引用多题曰“义猫记”）：

山西某富人养有一猫，金睛碧爪，朱顶黑尾，毛白如雪，非但有此美丽外表，而且又“灵”又“义”，所以甚为主人所珍爱。“灵”就是通人性，“义”就是行为符合人类道义。有个有权势的邻居，见了富人的猫就想要过来。“以骏马易，不与！以爱妾换，不与！以千金购，不与！”最后邻居恼羞成怒，就设下毒计，让富人家破人亡，富人也没把猫给他！后来富人背井离乡，带着猫南下来到广陵（扬州），投靠某巨富人家。巨富也爱上了他的猫，千方百计求之不得，于是也设下毒计要用毒酒害富人。富人的猫随时跟他在一起，当时毒酒一斟上，猫就给打翻了，再斟上再打翻，一连三杯都被猫打翻了。富人这才发觉不对，趁夜就带着猫逃走了。富人投靠朋友，北上渡黄河时，失足落水。猫见主人落水，急得跳跃号叫。最后见主人生还无望，就也跳河殉主了。当晚朋友梦见富人说：“我和猫没有死，都在天妃庙里。”天妃就是水神。次日朋友来到天妃庙，见到富人和猫两具尸体都停在了廊庙下面。于是朋友买来棺木，把猫也葬在富人身旁。

[清]沈振麟《耄耋同春册》（局部）

原文有大段评论，最后说：“以视夫为人臣妾，患至而不能捍，临难而不能决者，其可愧也夫！其可愧也夫！”可知此所谓“义”，主要是指世俗所谓“忠”。天妃信仰多见于东南沿海，未闻内陆黄河流域有之。可知此事虽多涉及北方，但应该是由南方人编造。

乾隆年间（1736—1795），张太复《秋坪新语》卷五：李文园学士（名中简）家中曾养过一母一幼两只猫。母猫睡觉时，一定要枕着幼猫，幼猫被枕时，帖耳瞑目，呆若土木，一副唯恐惊扰自己母亲的样子。幼猫偶然身痒稍动，母猫就会发怒，牙咬爪撕，往往把小猫打得鲜血淋漓，被毛丝丝散落。即使这样，幼猫也是伏首顺受，不敢遁逃。如此者数年，小心侍奉，力求百无一失。母猫后来生皮肤病死了，幼猫便哀号连连，昼夜不绝，亦不进食。恰巧窗户间有根绳子，幼猫就在夜静无人时，自缠百结，为母殉葬了。众人皆惊叹，呼之为“孝猫”。——真是“感天动地”……

湖北天门人蒋祥墀（号丹林），乾隆五十五年（1790）进士，曾任都察院左副都御史（《猫苑》中用其俗称“都宪”）。其子立镛（号笙陔），嘉庆十六年（1811）状元（《猫苑》中称“殿撰”）。蒋祥墀给自己写了个年谱，蒋立镛给父亲的年谱作了注解。此《父丹林自记年谱注》记：蒋祥墀在北京的寓所中有一对猫母子，常常依偎在几案坐席前。每日，幼猫一定会等母猫先吃过饭，自己才吃。家书中偶然提到过这件事。当时蒋祥墀为奉天府尹，而他常常十分想念自己还在世的母亲。大家都认为猫会孝母，是感应到了蒋祥墀的至孝。蒋祥墀于是心生感叹，写了《猫侍母食歌》二章。一时间，沈阳的同僚，全部歌咏传唱此事。

荒淫：上有所好下必甚

宠猫之风兴于宋，当时即有秦桧孙女公权私用寻狮猫事件，小吏与居民为其侵扰，见《老学庵笔记》。北宋时苏轼尚说："养猫所以去鼠，不可以无鼠而养不捕之猫。"（《上神宗皇帝书》）不过，崇尚"丰亨豫大"的权贵阶层根本不吃这套，所谓"不捕之猫，徒以观美特见贵爱"（《咸淳临安志》）也是当时的普遍现象。单纯的奢侈倒还可以原谅，只是与之伴生的很多东西，实在让人难以接受。而至今有很多人面对这些内容，仍津津乐道，不以为耻，这就更加让人痛心了。

宋代皇室中固然养猫，但未闻出格表现。明代中后期，宫廷中宠猫之风日盛，猫儿甚至得到专门供养。单说弘治初年，乾明门养猫十二只，每日需要猪肉四斤七两，肝一副。之后，奢靡之风更甚，甚至民间并不很富裕的家庭也会受影响。当时常熟（在今江苏苏州）有一个织布为生的家庭的小孩，每天都会买熟猪蹄喂他家的狮猫。事见明朱国祯《涌幢小品》卷二及明徐复祚《花当阁丛谈》卷一。

明世宗嘉靖初年，宫中有一只灰色的卷毛猫因为眼睛上面的毛（相当于人的眉毛）"莹然洁白"，所以得了"霜眉”的雅号。传说中霜眉十分善解人意，人拿眼看它，它就逃，口呼其名它便来，走路如同舞蹈，每日如侍从般不离皇帝左右。皇帝午休时，霜眉就陪在皇帝身边，皇帝不醒，霜眉即使饿了渴了或需要小便，都不会离开。因此，世宗特封霜眉为“虬龙”。霜眉死后，皇帝下令将之安葬在万岁山北面，还刻了一块碑，上书“虬龙墓”三个大字。事见沈榜《宛署杂记》卷二十。

世宗又命大臣们为霜眉撰写祭文，以超度之。大臣多因此感到为难，只有礼侍学士袁炜在文章中憋出一句“化狮成龙”，拍中皇帝马屁。不久后，袁炜竟然得到升迁。事见沈德符《万历野获编》卷二。

至今爱猫者艳传此世宗霜眉事，以证明猫在古代是如何受宠。但《宛署杂记》原文实为表彰奴辈之忠心，《万历野获编》则为揭露“谀词”，与今人异趣。世宗荒淫为名，做过很多令人发指的事情，这种人宠猫，与希特勒爱狗一般，不知有什么值得夸耀的。

清史梦兰《全史宫词》卷二十：

> 万岁山阴小碣镌，狮龙变化最堪怜。
> 持杯暗向霜眉酹，尚怪君王雨露偏。

万历、天启年间，宫中模仿“虎房”“豹房”“百鸟房”，设“猫儿房”，令贴身侍者三四人专管饲养皇帝及

[清]沈振麟《耄耋同春册》(局部)

后妃钟爱的猫儿。皇室钟爱的猫儿都有专名,又封官领俸。普通公猫未阉割者名“某小斯”,已阉割者名“某老爷”“某老爹”,母猫则名“某丫头”;得皇帝赐名者,则称“某管事”,或直呼“猫管事”。猫儿的“俸禄”,都是比附宦官的品级,但实际上猫儿又不会花钱,所以俸禄还是掌握在宦官手上。

明陈悰《天启宫中词》卷上咏此曰:

红罽[①]无尘白昼长,丫头日日侍君王。

御厨余沥[②]分沾惯,不羡人间薄荷香。

① 罽(jì),毛毯。

② 余沥,剩余的美酒。

明代宫廷之中，猫远比狗受欢迎。当时的狗以体型小为贵，有名的波斯狗、金线狗都比猫小不少。而猫则以大为贵，传说有的骟猫（可能并非阉割后的家猫，而是其他猫科动物）甚至会比普通狗还大。猫又喜欢腾跳，或相互争斗，以致新生的皇室幼子被惊吓成疾，间接导致夭亡，宫中也无人敢言明。当时养猫养鸽，托言方便深宫之人“感动生机”，多多繁衍后代。如今却因之使皇室乏嗣，真真是可笑至极。事见刘若愚《酌中志》卷十六《内府衙门识掌》及沈德符《万历野获编补遗》卷一。

清邹升恒（字泰和，或作太和），康熙五十七年（1718）进士，官至侍讲学士。大概学问仅是差强人意，今所见存诗唯有三首又两句[①]，功业亦罕见称道。唯独有一个好学生，就是大才子袁枚。《随园诗话》（卷十）在吹嘘过邹诗之后，说他“和雅谦谨，有爱猫之癖”，每次宴客，会把小孙子和猫都安置在座旁，给小孙子一片肉的同时，必会给猫儿一片，还说：“不要争抢啊，都有，都有。”他任职河南提督学政[②]，在商丘办公时，丢失了一只猫。丢猫本是私事，但邹升恒却仗着自己的权势，严令地方官吏为之捕寻。地方官实在承受不住，就写了一篇公文详细报告自己如何派手下捕寻之事，公文上还盖了官印。其中说：“卑职派遣了四个得力手下，挨家挨户搜捕，直至如今超出限

① 见《随园诗话》卷一及卷十，又《清诗别裁集》卷二十四。

② 清代的提督学政，每省一人，掌本省学校政令，考查师生勤惰及升降等。

期，仍未能找到宪猫。”“宪”是属吏对上司的尊称，学政俗称“学宪”，地方官称邹升恒的猫为“宪猫”，却充满了辛酸。袁枚记此事，竟然以为如何风雅。

五味杂陈：一曲泪万行

有些故事，读起来令人五味杂陈。虽然明知道是假的，甚至有些让人不舒服，但仍然很感动。

明中期，太仓（在今江苏苏州）人陆昶（字孟昭）虽为刑官三十年，但生性善良。刚入职时，去狱中巡查，见重犯全部被刑具困住脖颈手足，仰卧于床，不得转动，夜间受老鼠啃啮，以致鲜血淋漓。陆公很心疼，所以买来几只猫儿散置于狱中，鼠患顿灭。囚徒多为之感动流泪。自此，狱中养猫成为通例。事见王锜《寓圃杂记》卷四“狱中畜猫”条。

明代辽简王朱植六世孙朱宪㸅，一向品行不佳，于隆庆二年（1568）因罪废王爵，人被软禁在凤阳（在今安徽滁州）。朱宪㸅擅长填词作画，在凤阳时贫困非常，常常靠画猫来维持生计，所谓“绘猫易米”。他填的《卖花声》等数百阕词，流传在江南，悲切凄楚，不减南唐后主之“春意阑珊”（《浪淘沙》）。万历间，流落民间的宫女尚能弹出“箜篌弦上，一曲《伊州》泪万行”。事见明钱希言《辽邸记闻》及《衔蝉小录》卷三引《稗贩》。朱宪㸅《种莲岁稿》，今中国国家图书馆藏有刻本，但我未能从其中发现所谓《卖花声》，仅见《题宣宗皇帝画猫赞》一篇。其画作亦未闻传世。

明代南京有一个富家公子，因故败家，且负债累累，走投无路。最后，他用不知道哪儿挤出来的一点钱买了酒肉，意欲与妻子永诀。夫妻相对，唯有默默流泪，酒不能饮，肉不能食，最后各自上吊。当时家里的猫就在旁边，哀鸣徘徊，置桌上肥肉于不顾，几天后也饿死了。事见刘元卿《贤弈编》卷三。

清中期武林（今浙江杭州）金氏是一个望族，有一个金老翁，急公好义，一片赤诚，受人仰慕，然而命运坎坷，四十多岁时家道中落。金老翁夏日纳凉于院中，见一只猫儿马上就要饿死的样子，心生怜悯，就将之收养，非但每次都给猫儿喂肉，而且即使自己外出，也会嘱托家人好好照顾猫儿。猫儿也不离开金老翁家，日日依恋在金老翁身旁。自此猫儿逐渐健壮，但捕鼠为食，不用人喂养。

当年有水灾，以致颗粒无收。金老翁家上顿接不上下顿，无处借贷，能典当的也都典当了，眼看全家就要冻饿而死。猫也无处得食，在人旁边饿得嗷嗷叫。金老翁家小女子责备猫儿道：“人还吃不上呢，你还想吃啊？主人已经如此穷困，心烦意乱，你不念平日养育之恩，想想怎样报答，还在这里嗷嗷叫招人烦吗？”猫叫了一声，似乎听懂了人言，然后一下子跳上房跑走了。家人都觉得挺稀奇，金老翁也破涕为笑。

不一会儿，猫衔着一个东西丢到了金老翁怀中。金老翁打开一看，发现是一个妇女的旧抹额（或说龙凤钗

[清]沈振麟《耄耋同春册》(局部)

一对)。抹额上缀着二十多颗东珠,光润而圆正,大如芡实[①],价值千金。金老翁见此,惊讶失色,亦喜亦惧,说道:“猫虽然通人性,但这窃取之物,不仅玷污我的品行,而且恐怕失物之家的奴婢会受冤,性命攸关,怎么办?”其妻女说:“老翁说的虽然很对,但我们已经到了饥不择食的地步了。何况此物自己送上门来,一定是上天可怜老翁,救济我们,难道尽是狸奴的功劳?没办法,先把珠子拿去当了,渡过家中难关,然后暗访失主,再告诉人家其中缘故,把当票给人家,这样似乎也没有什么大碍。”老翁只好从之。

① 芡实直径约5~8mm。

一直到第二年，也没找到失主。家里有人说："这抹额是大户人家的随葬品，后来其家没落，墓地无人修治，猫才衔来。"有人说："这是有一个有想法的女子，不幸嫁给了一个浮浪子弟，所以为儿女藏此于夹壁墙中或天花板上，防备家产被败光。后来没有交代给儿女，女子就不幸猝死了。猫衔来也没妨碍。"都是如此说，总之就是说天神要赏赐老翁。老翁听人说的有道理，就把珠子赎回来，找机会卖掉了。

后来金老翁竟因这笔钱逐渐发家，子孙多考中功名，但世代继承祖训，爱养猫，给猫吃的都是肉。有一个后代官至御史，其府上养有几十只猫，出来进去跟着人，府中还有专门负责养猫的下人（或说专门建有一座楼），直到清代乾隆后期，杭州尽人皆知。事见清吴炽昌《续客窗闲话》卷七《义猫》篇，又《猫苑·故事》引陈笙陔（名振镛）说略同。

恐怖：卖醋黄册雪狮子

古书中有些故事，谈不上什么理趣，就单纯让人感觉有些恐怖。

唐末有个叫归系的进士，于某夏日伴一小孩在厅堂中休息。忽然有一只猫大叫一声，惊吓了孩子。归系让仆人用枕头去打猫，猫竟然被枕头打死了。可当时孩子却发出猫叫，几天后也死了。事见《太平广记》卷四四〇引《闻奇录》。

五代时，建康（今江苏南京）有一个卖醋为生的人，养了一只十分漂亮健壮的猫儿，甚是宠爱之。南唐保大九年（951）六月，猫儿死了。卖醋人不忍丢弃它，仍将猫尸放置在座位旁。几天后，猫尸就在炎炎夏日中腐败发臭，卖醋人没办法，就将之弃置在秦淮河里。可是这时神奇的一幕发生了：猫尸一入水，竟然又活了过来！卖醋人赶紧下去救落水的猫儿，可惜自己却不幸溺亡。猫天生会游泳（像人一样天生不会游泳的动物其实少见），所以自己游上岸跑了。有小吏将猫儿抓住，拴在店铺中，锁上门，计划去报案，留着猫作证据。可是小吏回来时，却发现拴猫的绳子已经断开，墙壁被咬坏，猫儿不知所踪。事见徐铉《稽神录》卷二。

一种合理的解释是：故事中其实有两只猫。也就是被抛尸秦淮河的猫，跟后来游上岸的猫，不是同一只。或许卖醋人抛尸后心中仍不舍，所以回头去看，这时视野中出现一只跟自己的猫长得差不多的猫在河里，卖醋人误会这就是自己那只，然后才有了后来的故事，也解释了后来的猫为何对主人如此“绝情”。唯独猫死不忍弃可以理解，但主人为何后来要把猫尸扔到河里，而不是埋土引竹，或者像古书里说的那样悬挂在树上？扔河里，难道不会污染河水？

明代南京玄武湖旁有一个黄册库，收藏户口册籍，为征派赋役之用。纸类一怕烟火，二怕鼠啮。太祖朱元璋时有一个姓毛的老人来进献黄册，太祖说：“现在黄册库中最担心的就是鼠患，你姓毛，毛与猫同音，你来帮我灭鼠吧。”于是将毛老人活埋在库中。神奇的是，此后库中竟片

[清]沈振麟《耄耋同春册》(局部)

纸无损。太祖又命为毛老人立神祠，春秋祭之。事见《夜航船》卷十八《荒唐部·鬼神》。

《金瓶梅》中，西门庆虽然好色淫乱，但后代稀少。开书时有一个女儿西门大姐，书将结尾时有一个遗腹子孝哥儿，中间只疑似生过一个儿子，名叫官哥儿。在名义上的丈夫花子虚死后，李瓶儿先是改嫁给蒋竹山，后嫁西门庆。李瓶儿在西门庆家中生下男孩，西门庆也不管这个孩子到底是自己的还是蒋竹山的，就当自己的养。当时西门庆正好得官，双喜临门，所以很高兴，给孩子起名“官哥儿”。没想到潘金莲因为嫉妒，竟然设计杀了官哥儿。

《金瓶梅》第五十九回《西门庆摔死雪狮子　李瓶儿痛哭官哥儿》：

> 却说潘金莲房中养活的一只白狮子猫儿，浑身纯白，只额儿上带龟背一道黑，名唤“雪里送炭”，又名“雪狮子”。又善会口衔汗巾儿、拾扇儿。西门庆不在房中，妇人晚夕常抱着他在被窝里睡。又不撒尿屎在衣服上。妇人吃饭，常蹲在肩上喂他饭，呼之即至，挥之即去。妇人常唤他是“雪贼”。每日不吃牛肝、干鱼，只吃生肉半斤，调养得十分肥壮，毛内可藏一鸡弹。甚是爱惜他，终日抱在膝上摸弄，不是生好意。因李瓶儿、官哥儿平昔好猫，寻常无人处，在房里用红绢裹肉，令猫扑

> 而挝食。也是合当有事，官哥儿心中不自在，连日吃刘婆子药，略觉好些。李瓶儿与他穿上红段衫儿，安顿在外间炕上，铺着小褥子儿顽耍。迎春守着，奶子便在旁拿着碗吃饭。不料金莲房中这雪狮子，正蹲在护炕上。看见官哥儿在炕上穿着红衫儿，一动动的顽耍，只当平日哄喂他肉食一般，猛然望下一跳，扑将官哥儿身上，皆抓破了。只听那官哥儿呱的一声，倒咽了一口气，就不言语了，手脚俱被风搐起来……

后面的情节更加血腥残酷，大概就是官哥儿不治身亡，西门庆因此摔死雪狮子，而当时潘金莲坐在炕上纹丝不动，待西门庆走后又开始骂闲街。后来李瓶儿伤心而绝，西门庆也因之悲痛异常。

明末清初，苏州张氏，家中贫困。后来驯服群鼠为戏，观众较多，便有人投钱，张氏家境稍得缓解。忽一日有一个无赖，怀揣一猫前去观赏鼠戏，群鼠刚被张氏呼出来，无赖就把猫丢了过去，咬死了一两只老鼠，剩下的都吓跑了。从此之后，张氏再也不能驱使群鼠，张家也断绝了收入。事见《坚瓠集·坚瓠秘集》卷一。

感人：奴已三生主无恙

唐代曲沃（今属山西临汾）县尉孙缅家有个小僮，一直长到六岁还不会说话。一日，孙缅之母在台阶旁闲坐，见小僮圆睁二目看着自己。孙母感到奇怪，就问小僮作何，小僮竟然笑着说：“主母（原文为‘娘子’，娘子即主母）还记得小时候的事吗？当年您穿着黄裙白肚兜，养了一只野狸（‘野狸’本或讹作‘野狐’）。”孙母也真的想起当年之事了。小僮接着说：“当时的野狸，就是我。我从您家跑出来，趴在房上的瓦沟里，还听到了您的哭声。到傍晚我跑到东园古墓中，在那里苟活了二年，最后被猎人击毙。来到地府，阎罗王说我并无别样罪过，所以准我转世为人。于是我生在海州（今江苏连云港），成了乞丐之子，一生饥寒，只活到二十岁就死了。再次来到阴间，阎罗王说：下辈子让你投生为富贵人家的奴才吧，奴才之名虽然也不怎么好，但起码衣食无忧。然后我就回到娘子家中了。”原文小僮最后还有一句：“今奴已三生，娘子故在，犹无恙有福。不亦异乎？”事见戴孚《广异记》。

读书至此，每每欲为之大哭一场。作者本意大概是在宣传轮回信仰，但今日读之，见其由野狸而为乞丐，由乞丐而为家奴，虽步步提升，但终究不过是下等人，直使人感慨所谓的“阶级跃迁”是何等困难之事。看多了一步登天的美满，就觉得这种步履维艰特别真实。

南宋杭州城有个外号“眼大郎”的优伶，有一天忽然梦到有人拿着一床花被子，把他从头到脚包裹起来，然后又用绳子捆住，其力量甚大。眼大郎在梦魇中醒来之后便一病不起，没几天就死了。死后数日，给家人托梦说：“之前梦到的花被子（猫皮毛的象征）是我要死的征兆，所以我现在托生为花猫了，黄底黑花的，在沙皮巷某人家。”其子去沙皮巷查看，猫见之果然趴伏哭泣。其子与猫主说明情况，想要把猫买回去，可是猫主不答应。谁管猫叫“眼大郎”，猫就会抬起头来看谁，还会低下头应声。事见《鬼董》卷四。

［清］沈振麟《耄耋同春册》（局部）

清代有一个商人叫程春渠，他有个儿子甚为聪慧，结婚刚两个月时，把全部存款都置办了货物，受父命出差去北京，经过山东时，遇上白莲教动乱，人货皆亡。新妇听闻噩耗之后，立志守节，每日唯有茹素念经。邻居哀怜她少年守寡，就送了一只肥大温顺的虎斑猫给她做伴。寡妇给猫取了一个名字叫“阿虎”，从此之后的十年间，阿虎闻呼即至，不离寡妇左右。当时有恶少骚扰，小偷行窃，不小心失火等事，都赖阿虎及时叫醒寡妇，才免于受害。

某日，猫在梦中跟寡妇说：“我本非畜类，我是你前夫。只因前生曾作恶，所以今生遭祸被杀。阎王看我杀生过多，所以让我转世为畜生。幸好我未曾犯过淫戒，而且和你还有十年恩爱之缘，所以做了猫与你为伴。现在见你守节诵经，功德圆满，来世会转生为男子。我也因为听经，得转为人，和你做同胞兄弟。”寡妇醒后，心中大恸，随即去世，猫亦死去。程春渠相信儿媳之梦，于是也将猫尸葬在了夫妻二人的棺材后面。事见《衔蝉小录》卷四引《惊喜集》[1]。

明末姑苏城北的陆墓镇（在今苏州相城区）上，有一个小民因交不起官税而出逃在外，家中仅剩一只猫儿，被收税小吏抓走，卖给了城西阊门附近的商铺老板。后来，小民经过阊门，猫儿忽然跃入其怀。新主人正看到这一幕，于是将猫儿夺回。当时，猫儿不断悲鸣回看原主人，似甚

① 此书似非程畹（1831—？）《惊喜集》，孙荪意（1782—1818）《衔蝉小录》不及引。

不舍。晚上，小民正在船上睡觉，忽听到船板上有声音。起来一看，发现是自己的猫。猫口中衔着一个丝帕包，打开丝帕发现里面是五两多银子。猫扔下东西就走了。事见朱国祯《涌幢小品》卷三十一《猫》。

《坚瓠集》述此事，结局有点不同：贫困的小民得到银子以后非常高兴，猫儿并没有丢下银子走，而是留在了小民身边。第二天早餐，小民见到一个卖鱼的，就买了很多小鱼喂猫。猫儿吃得太多，最后得肠胃病而死，小民在悲伤中将猫儿埋葬了。（《坚瓠广集》卷六）

《猫苑·故事》中还有一个类似的故事：清嘉庆二十四年（1819）台州太平县（今浙江温岭县）一个姓丁的船家，一次在沙滩旁停船，猫儿忽然落水。船家去救，在泥沙中踩到一个东西，打开一看，发现是个装有百十两银子的小木匣子。可惜猫最终却不幸淹死了。

以猫为名

一、先唐

以动物为名的人，自古以来就数不胜数。如甲骨文时代开始，就偶见名叫“虎”“豹”的人。春秋时有“王子虎”，为周僖王之子，周襄王之卿士；鲁国有“叔孙豹”，曾发“三不朽”之论。又如“崇侯虎”“西门豹”之类，大家耳熟能详。又有一些人名，会用一些表示动物但今已不详具体所指的字，如甲骨文中的“豸”[①]，又如春秋时宋国的“华貙”（字子皮）。

但早期未见有以猫为名之人。“苗”字最早见于西周晚期的“苗奸盨”，是一个人名，但很难说它跟猫有什么关系。倒是同义词“狸”，偶见于姓氏名号中。

传说中高辛氏帝喾（帝尧之父）有才子八人，因有各种美德，故称“八元”，其名分别为伯奋、仲堪、叔献、季仲、伯虎、仲熊、叔豹、季狸（《左传·文公十八年》）。“季狸”为史上第一个名字跟狸猫有关的人。南宋文学家曾季狸（字裘父），名或本于八元之“季狸”。

据《潜夫论·志氏姓》及《国语》韦昭注，帝尧之子丹朱之后有“狸姓”“狸氏”，周之傅氏即姓狸。但狸姓、

① 于省吾主编：《甲骨文字诂林》（第四册），中华书局，1996年，第3245页。

狸氏不见于其他文献，恐怕王符、韦昭对《国语》有误解。《国语》“使太宰以祝史帅狸姓”“王使太宰忌父帅傅氏及祝史”之文，其实不甚可解。学者又根据字音，推断“狸姓”即“刘姓”[①]。不管怎么说，古籍中没有任何资料显示狸姓跟狸猫有什么关系。

春秋时鲁成公十七年（前574），公孙婴齐死在一个叫作“狸脤”的地方。此地又写作“狸轸”“狸蜃”，但一不详其所在，二不详其得名原因。《史记·赵世家》记悼襄王九年（前236），赵攻燕，取狸阳城。但“狸阳城”别无所证，故旧注怀疑当作“渔阳城”（治所在今北京市密云区境内）。但出土文献中又可见西周时燕国疑似有个地方叫“狸”，在今河北任丘东北[②]，又疑《史记》“狸阳城”不误。此说争议较大。

北魏太武帝拓跋焘有个早夭的儿子叫“猫儿”[③]，从拓跋焘其他儿子叫“虎头”“龙头”可知，这个“猫儿”正是取自狸猫。是为以猫为人名之始。

太武或被称作“佛狸”，所谓“可堪回首，佛狸祠下，一片神鸦社鼓”（辛弃疾《永遇乐·京口北固亭怀古》）。据《宋书》卷九十五，“佛狸”是太武的“字”（小名）。在

① 黄侃：《经籍旧音辨证笺识》，载吴承仕著，龚驰之点校：《经籍旧音序录 经籍旧音辨证》，中华书局，1986年，第273页。

② 张亚初：《燕国青铜器铭文研究》，《中国考古学论丛——中国社会科学院考古研究所建所40年纪念》，科学出版社，1993年，第326-327页。

③ 《魏书》卷十八，《北史》卷十六。

《马王堆汉墓出土西汉“君幸食”彩绘狸纹木胎漆盘》
湖南省博物馆藏
橘子摹绘

《魏书》卷三中，此“字”写作“佛厘”。当今学者多认为这个词是突厥语“狼”（Böri）的音译，文献中又写作“符离”（《史记·卫将军骠骑列传》）、“附力”（《魏书》卷二）、“步离”（《北史》卷十一）、“步利”（《旧唐书》卷一百九十四）等。

元胡三省《资治通鉴注》卷第一百二十五中说道："魏主小字佛狸，佛音弼。"此说似别无可证。胡三省的意思大概是说"佛狸"跟佛教无关。太武在位早期曾经打压佛教，毁坏经像塔寺，坑杀僧人（是为"三武灭佛"之首），自然其名"佛狸"不太可能与佛教有关，所以胡三省说本来还是有点道理的。但在早期文献中，人们明显有意无意间将"佛狸"解读成"佛陀狸猫"。最早如拓跋焘在世时的童谣"虏马饮江水，佛狸死卯年"，便隐约以"虏马"对"佛狸"。后来两宋诗中与"佛狸"对仗的有"天狗""天马""金狗""帝羓""社燕""春燕""戎马"等。如陆游《客自凤州来言岐雍间事怅然有感》："前日已传天狗堕，今年宁许佛狸生。"明显在胡三省之前的几百年中，"佛狸"的"佛"普遍读如"佛陀"的"佛"。

由于"古无轻唇音"，所以从像"弗"得声的字在今天就分化出声母f和b等多种读音。据《汉语大字典》，"佛"字有四音，表示本义"见不审也"时读仿佛之佛，表示"兴起貌"时读如勃然之勃，表示"勇壮"时读如弼，表示宗教含义时读佛陀（Buddha）之佛。《现代汉语词典》（第7版）则仅有仿佛、佛陀两读，无弼音。如今有些人坚持从胡三省说读"佛狸"如"弼狸"，其实没有必要。我们也可以从古俗读如佛陀之佛，甚至也可以读之如仿佛之佛。

二、唐宋

唐开元六年（718），有一个女子名叫“张猫”，曾于今江苏连云港南城佛寺中造五级佛塔一座、佛像一尊，并作记曰：

> 维大唐开元六年岁次戊午八□（月）□（壬）戌朔八日己巳，清信女弟子张猫。□（览？）玄监（鉴）于正见，爇智火而照昏城；晓四大之无坚，然（燃）惠灯而晖暗室。敬造五给（级）浮图一躯，像一铺。上为天皇天后，法界仓（苍）生，咸同斯福。[1]

唐初，左拾遗魏光乘喜欢给同僚起外号。黄门侍郎卢怀慎好视地，就被他叫作“觑鼠猫儿”，意思是偷看老鼠的猫儿。其他如“赶蛇鹳鹊”“饱甚母猪”等，凡十余名朝廷大员被戏耍，以致最后魏光乘被贬出京城为县令。事见《朝野佥载》卷四。

据《旧唐书》卷八十二，曾力主立武则天为皇后的李

① 见缪荃孙、冯煦纂修《民国江苏省通志稿》，又《江苏金石志》卷四，《北京图书馆藏中国历代石刻拓本汇编》。

义府貌状温恭，与人对话时，必嬉怡微笑。但其内心褊忌阴贼，身居要职之后，人家稍有违逆，他就陷害人家。“故时人言义府笑中有刀，又以其柔而害物，亦谓之‘李猫’。”《新唐书》卷二二三说的是：“时号义府‘笑中刀’。又以柔而害物，号曰‘人猫’。”“李猫”又讹传为玄宗时的李林甫，见《醒世恒言》《古今谭概》《陔余丛考》等。《四库全书》所收《朝鲜史略》中记，“以奸巧得幸”的朴仁平也被当时的人称作“人猫”，时当中国元代中期。

《唐张猫造五给浮图记》拓片

南唐时有一个酷吏叫李德来（又作“李德柔”[1]），字子怀，鄱阳人，喜欢装博学，常常呼马为“韩卢”（古代名

① 宋郑文宝《南唐近事》卷二作“李德来”，马令《南唐书》卷十八作“李德柔”。

犬名），呼染工为“伶伦”（乐师）。他有个外号叫“李猫儿”，得名原因有两说：《南唐近事》说是因为他当年任大理寺少卿时，执法甚为严峻，“忌刻便佞”（嫉妒、刻薄、花言巧语）；马令《南唐书》说因为他最开始做小吏时（任职大理寺之前），擅长揣摩别人心思，所以抓捕亡命歹徒，屡屡得手。按前说此“李猫儿”是贬义，按后说则是褒义。南唐正处在国人畏猫时期与爱猫时期的分界线上，有此两说也是正常的。

传说宋徽宗被俘时，有二十一岁的顾美人、十九岁的南阳王夫人，皆名“猫儿”，被掳至北国。宋钦宗有一个十三岁的卫使令，亦名“猫儿”，后自刎而死。[①]

唐《括地志》记，西蜀徼外的筰（zuó）州（在今四川汉源一带），有一个“猫羌巂”。此地得名原因不详，疑与“三苗”“苗族”有关，后世有“猫”地名多如此。

北宋有“猫儿山”。乐史《太平寰宇记》卷五《河南道五·西京三·河南府》“河清县”（今并入洛阳市孟津区，治所在今白坡村）：“猫儿山，在县西十里。”当为白坡村西黄河对岸的某座小山。

南宋也有“猫儿山”。王象之《舆地纪胜》卷一百〇五《广南西路·象州·景物下》：“猫儿山，与西山相连，形状如猫首，东北向，下临江潭。”今广西来宾市象州县，西北

① 《靖康稗史》之三《开封府状 · 道宗嫔妃一百四十三人》及《少帝嫔妃三十八人》，又之七《宋俘记 · 宫眷》。然颇有学者认为此书为清末人所伪造。

十里有象山，西山与象山相连，又与猫儿山相连。《明一统志》卷八十三《广西布政司·柳州府·山川》“象山”：“其北为猫儿山，形状肖猫，下临大江，《风土记》云猫儿山对鹿儿滩。”今象州无此地名。

宋代杭州有“猫儿桥”，早见于北宋苏轼《申三省起请开湖六条状》，南宋以后更常见于载籍。据《乾道临安志》《淳佑临安志》《武林坊巷志》等，此桥原名“平津桥”，俗呼“猫儿桥”，地在时仁和县西营界小河之上，河因桥名“猫儿桥河”，明《万历钱塘志》、清《康熙钱塘志》皆记之，但今已不存。《梦粱录》卷七：“贤福坊东曰平津桥，俗名猫儿桥，桥北曰舍人桥，次曰永清桥。”又卷十三：“自淳佑年，有名相传者，如猫儿桥魏大刀熟肉、潘节干熟药铺。”南宋初年刊刻的《文选五臣注》，自题“杭州猫儿桥河东岸开笺纸马铺钟家印行”。可见此处甚繁华，光出了名的店铺就有钟家的纸马铺、魏大刀的熟肉铺和潘节干的熟药铺等。

又，杭州尊胜街东南宝极观西之“鲍公庙”，清人言其“旧名猫儿庵”[①]，但不知事始于何时。庆春门内又有“猫儿弄”，一作“毛儿弄”，其地通南园，亦见于清人书[②]。

① 清丁丙《武林坊巷志》卷四十七《义同坊二》“宝带桥”条引《杭都杂咏》。

② 见《武林坊巷志》引《武林坊巷全图》及《衎蝉小录》引《武林杂识》。

杭州猫兒橋河東岸開牋紙馬鋪鍾家印行

南宋初年刻本《文选五臣注》书影

三、明清

明建文三年（1401），燕王朱棣的军队与建文帝朱允炆的军队在夹河（在今河北武邑）交战时，燕王中箭，有一个名叫“猫儿”的都指挥，曾为之拔箭。事见《留青日札》。

明《喻世明言》第三十六卷《宋四公大闹禁魂张》中，有个卖“酸馅”的王秀，“这汉走得楼阁没赛，起个浑名，唤做‘病猫儿’”。“酸馅”，就是菜包子。“没（mò）赛”，无与伦比的意思。“走得楼阁没赛”，相当于“踏雪无痕”“登萍度水”，轻功了得的意思。“病猫儿”当即“赛猫儿”，也是形容王秀的轻功高。

民国王作镐《续水浒传》第十六回：“俺本是洛阳人氏，姓袁名大成，表字硕甫，自幼因使枪刺棒，好打人间的不平，又能以飞檐走壁，陆地飞腾，有人送外号，叫‘小狸奴’。”此“小狸奴”与“病猫儿”同趣。

清代小说《三侠五义》第二十二回《耀武楼南侠封护卫》一段书，展昭倒爬上柱，又卷身上房，宋仁宗见了，惊叹：“奇哉！奇哉！这那里是个人？分明是朕的御猫一般。”从此之后，展昭就得了“御猫”的封号。青莲室主人《后水浒传》中还有一个外号“白脚花猫”的张杰。《快心编初集》卷五：“第一个名叫‘猫儿’朱海，第二个‘盘山老虎’吴有功，第三个‘一脚人熊’王五伦……”

小说中，赵匡胤认的三弟，天真鲁莽重义气的郑恩（字子明）外号“赖猫儿焦面大王”“赖猫大王”，见《飞龙全传》第五十二回。五十三回写到郑恩偷瓜招亲，与陶三春定亲之后，赵匡胤劝和未婚的二人。郑恩腼腆，似欲悔婚，但让郑恩还定亲时借的玉玦，郑恩又说：“二哥，你忒也小人之见，这玉玦儿留在咱处，等待你有了侄子，与他玩耍的，怎肯还你？”赵匡胤只能说：“尊讳‘赖猫’，果然话不虚传矣，佩服佩服。”说罢，二人大笑而别。按，猫黏人时颇似无赖，故以“赖猫”戏称无赖之人。《猫苑·名物》云吴俗“谓人矫诈为赖猫”。今民间尚如此称呼。

除了这些虚构文学中的绿林人物的外号，真实绿林中也有不少用猫作名字的。王守仁所灭贼首有名“黄猫狸”者，见《阳明先生文集·别录》卷一《闽广捷音疏》。明末清初山东于七起事时，曾使名“李猫子”者攻打即墨，未能成功，事在南明永历十五年[①]，即清顺治十八年，亦即公元1661年。清道光十二年（1832）参与台湾嘉义张丙起事的有“吴猫”，见《内自讼斋文选》。台南“林小猫”（亦作“林少猫”），绿林出身，光绪二十二年（1896）聚众数千人于台南凤山（今高雄）城南凤山岭起义，抗击侵台日军，二十八年（1902）惨遭日军杀害，见《瀛海偕亡记》。

① 钱海岳《南明史》卷八十六。

[清]顾铭《慎邸殿下训经图》

清康熙年间始，台湾少数民族的妇女被称作“腻新”，未婚的多以“猫”为名（“番女幼多以猫名之”），已嫁人者名“悦仙”，所谓“蜑烟蛮雨怜猫女，狐带鹈衣怪狡童”[①]。或有未嫁之女另筑小屋居之，曰“猫邻”[②]。《台湾私法人事编》转录了光绪二十四年（1898）王眉、张猫的结婚合同。又见有“徐猫达”“张士猫”“陈猫戆”“卓猫厘”“猫霄”“猫都贵”等台湾人名，或男或女，或番或汉。又《海东札记》卷四：“番童曰麻达，听差者曰咬订，亦曰猫踏，曰猫邻。”“猫踏”，《台湾诗乘》卷二作“猫达”。而《衔蝉小录》卷五引《楚庭稗珠录》：“台湾生熟二番少年以配髑髅多者为健，谓之猫塔，犹言好汉子也。”此词很可能与猫无关，纯为音译词。

明代小说《醋葫芦》第四回中，还有一个熟知鸟类知识的“张小猫”。清许仲元《三异笔谈》卷二“陈涌金案”记，道光初年四川（当为浙江）慈溪（在今浙江金华）人陈涌金有一个孙女名“阿猫”。

清同治初年，少年旗人续廉（字子耻）性喜猫，有“狸奴夜冷自亲人”及“白玉栏杆午睡猫”之句，时人呼曰“续狸奴”。见震钧《天咫偶闻》引孙棨《余墨偶谈》。续廉作品今存《羞园诗草》《羞园诗余》（见《八旗丛书》），但其

① 《衔蝉小录》卷五引《安雅堂集·台湾赏番图诗注》，《猫乘》卷六引《赤嵌笔谈》，《使署闲情》卷二。

② 《猫乘》卷六引《台湾府志》。

中无一语及猫。

清王韬《海陬冶游录》：

> 教坊演剧，俗呼为“猫儿戏”。相传扬州某女子擅场此艺，教女徒悉髫年稚齿，婴伊可怜。以小字“猫儿”，故得此名。沪上工此者数家，清桂、双绣，其尤著者。每当傅粉登场，锣鼓乍响，莺喉变徵，蝉鬓加冠，迷离扑朔，莫辨雌雄，酣畅淋漓，合座倾倒。每演少者以四出为率，缠头费破费主人四饼金耳。

《猫苑·名物》引张槐亭（名集）云：“古今来以猫命名，谅不乏人，然而群书鲜有载者。”大概以猫为名者多为女子，女子名多不为外人所知，更罕见记载的缘故。但就上文观之，古代以猫为名者实不甚罕见。

四、地名(宋后)

含“猫”地名自《元史》始见于正史。天历二年(1329)正月十九日,“四川囊加台攻破播州(今贵州遵义)猫儿垭隘”,见《文宗本纪二》。此“猫儿垭”地名今不存,四川学者林赶秋先生认为即今“酒店垭”,在贵州省遵义市桐梓县与重庆市綦江区的交界处,属于桐梓县尧龙山镇,今210国道自此处穿过,为古“川黔盐茶古道”的必经之处。

《明史》中含猫地名较多:

保安州开平卫(治所相当于今内蒙古锡林郭勒盟正蓝旗及多伦县附近的上都城)南有“猫儿峪”之堡,见《地理志一》《列传第六十一》《列传第六十二》,即今河北赤城县北五十里猫峪乡。

古山西大同有“猫儿庄”,见《地理志二》,实在今内蒙古乌兰察布市丰镇市东北。成化十六年(1480),王越帅部下“潜行至猫儿庄”,见《列传第五十九》。正统十四年(1449)七月,参将吴浩战死于此,遂有土木堡之变,见《列传第二百十六》。《衔蝉小录》卷五引《菽园杂记》:“大同猫儿庄,本辽人入贡正路。”

归州兴山州(今湖北省宜昌市兴山县)北有“猫儿

关”，见《地理志五》，即今神农架林区新华镇猫儿观村，村西北又有猫儿洞。

平乐府永安州（今广西壮族自治区梧州市蒙山县）北有“猫儿堡”，见《地理志六》，在今县西北五十里新圩镇貌仪村。

“猫儿窝”“猫窝”，在今江苏邳州市南运河东岸。《河渠志五》《河渠志六》中记其河沟太浅，当人为疏浚。《衔蝉小录》卷五：“嘉定王竹所有《自猫儿窝至台儿庄词》。”（“竹所”为《猫乘》编者王初桐之号）

明永乐三年（1405）九月，“合猫里”国人来朝，事见《明史·成祖本纪二》。此国在东南亚，地当今菲律宾吕宋岛南部之甘马怜，见《列传第二百十一》。但古人多误以为“合猫里”即“猫里务”，其实猫里务是今吕宋岛南之布里亚斯岛，与合猫里不同地。因其地商业环境较好，时谚曰：“若要富，须往猫里务。”《衔蝉小录》卷五竟以为“其国雨金沙”。尤侗《外国竹枝辞·合猫里》云：

网巾礁上荡渔舟，亦有山田十斛收。
要富须寻猫里务，贫儿何用执鞭求。

南海一带以猫为名之地尚多，如台湾的“猫里社”“猫盂社”“猫罗山”“猫雾山”“猫屿”“打猫”等，频频见于古籍。但这些地名恐怕大多如“合猫里”一般是纯粹的音译词，与猫无关。嘉义市的民雄乡旧称“打猫庄”，倒是有可能真跟猫有关系。[①]澎湖西南有大小两“猫屿”，清蒋毓英《台湾府志》卷三称“土人呼为‘大猫’‘小猫’”。台岛最南部的“猫鼻头”，则未见古籍记载。

《明一统志》卷八十八《贵州布政司·镇宁州》“山川”：“猫儿山，在十二营长官司西北三里，以形似名。”十二营长官司，治所在今普定县东十六里十二营村，今普定亦无猫儿山。今贵州安顺镇宁布依族苗族自治县无猫儿山，但周边的各县却都有，西面的关岭布依族苗族自治县、北面的安顺西秀区、东南的紫云苗族布依族自治县有“猫山”，东北的平坝区有“猫儿山”，似皆非此“镇宁州猫山”。

今名“猫儿山”者有五十余地，但大多罕见于古籍。如广西桂林的猫儿山，又称苗儿山，在广西东北部的资源、兴安两县境，为南岭最高峰。

《衔蝉小录》卷五尚有多个以猫为名的地点：一、引《樵书》（疑即来集之《倘湖樵书》）“冠山山麓附一小山曰猫山”，地在杭州滨江区冠山公园，今茅山。二、“温州乐清县雁荡诸峰，有望天猫峰[②]。”今伏虎峰。三、引《常德府志》“花猫堤，在清平门外二里许，临大江”，已于1987

① 说参胡川安编著《猫狗说的人类文明史》第十六章《猫咪过台湾 · 猫咪占领台湾地名》。

② 《猫苑》卷五引袁子才（名枚）诗云：“仙鼠飞上天，此猫心不许。意欲往擒之，望天如作语。”

年拆毁。四、引《明史》（当为《明史纪事本末》）“自广东钦州天津驿，经猫尾港，至涌沦、佛淘”，今广西钦州市钦州港西南有老虎墩，未详是否即其地。五、“浙江衢州府龙游县十里猫子潭。”今龙游县不见此地名，此“十里猫子潭”疑为双潭村北面的周公坂水库。六、“广东韶州府乐昌县十五里猫儿滩，极大，最险。”当即今广东韶关乐昌市，武江流经之处。七、引《蛮司合志》“四川威、茂二州南路，有铁炉沟、宛央桥、野猫坝、石蛇儿诸处，俱诸番出入路也”，其地为今四川阿坝的汶川、茂县一带，但不详此“野猫坝”具体何在。[①]

《猫苑·名物》：

> 汉按：地名以猫称者，吕宋国（在今菲律宾群岛北部）小岛有名“猫雾烟”，此家香铁待诏（黄钊）述。播州（今贵州遵义）有瑶人洞，名“木猫”[②]，见《元史·郭昂传》。钦州（今属广西）入安南（今越南）路，有“猫儿港”，见《词翰法程》。桂林府北门外有“猫儿门”，见《广西通志》。杭州城内有“猫儿桥”，见《杭州府志》。广东大埔县有“猫儿渡”，见《潮州府志》。

① 说参陆蓓容《衔蝉小录：清代少女撸猫手记》。

② “木猫”之“猫”读为“苗”。

[清]《伯麟彩绘图册》之“缅和尚”

永嘉陈寅东巡尹（杲）曰：凡以猫命名者，固不一而足，山则有猫儿岭、猫儿岩、猫儿洞；水则猫儿港、猫儿渎。此等小地名，随在皆有。

据有关网站统计，如今国内仍在使用的含猫地名约3600个，主要集中在贵州（837例）、四川（658例）、重庆（244例）、湖北（250例）、湖南（509例）等地，本文难以尽数考证。含猫地名最多的县级单位是贵州省毕节市的威宁彝族回族苗族自治县，有野猫洞、猫儿山、猫猫山、猫猫岩、猫儿岩、猫儿大箐、野猫冲子、野猫脚、猫家院子、猫儿大地、猫倮、倮猫支、猫猫厂、白猫寨、猫儿梁子、野猫山、猫猫口子、野猫梁子、野猫寨、猫鼻梁梁、猫猫洞、猫狸弯子、猫家沟头、猫尖脑包、猫衣屋基、猫西湾、猫施姑、白猫湾、猫儿沟梁子、猫长卡、野猫等34例（野猫洞、猫儿山、猫猫山皆有2例）。

我所在的河北省有14例，其中石家庄市平山县有猫石沟、猫石村，灵寿县有黄猫沟，张家口市康保县有猫窝沟村，赤城县有里猫沟、猫峪梁、猫峪垠、猫峪村，保定市易县有猫尔岩村、北画猫、南画猫，承德市兴隆县有猫山，平泉市有野猫窝，秦皇岛市青龙满族自治县有猫正沟。周边的北京市1例，即门头沟区的猫儿背。

狸猫和太子的三段往事

狸猫换太子

“狸猫换太子”的故事甚为有名。

这段故事出自《三侠五义》，讲的是北宋真宗无子，后宫有金华宫刘妃、玉宸宫李妃同时怀孕，真宗各赐二妃一只金丸，许诺谁先诞下太子，就立谁为后。待李妃先生下太子时，刘妃与太监郭槐设下奸计，伙同接生婆尤氏将之偷出，换以剥了皮的狸猫，又命宫女寇珠将太子杀死后抛尸金水河桥下。寇珠不忍杀害太子，悄悄将太子交与太监陈林，陈林又冒险将太子寄养在八贤王赵德芳宫中，由狄娘娘养大。另一边真宗震怒，以为李妃产下妖怪，将之打入冷宫。后来刘妃产下小太子，得封皇后。不料六年后小太子夭亡，真宗（太宗赵光义之子）便从八王赵德芳（太祖赵匡胤之子）膝下过继一子，此子正是当年以狸猫换出的太子赵祯。刘后觉察不对，便下毒计命陈林拷打寇珠，寇珠头自碰栏杆而亡。其后真宗听信刘后谗言，下令赐死李妃。与李妃外貌相似的宫女余忠暗中顶替李妃受刑而死。李妃逃出东京汴梁（今河南开封），流落至陈州（今河南淮阳），居寒窑中，受范宗华照料。后来真宗驾崩，仁宗赵祯即位，先有寇珠鬼魂告状，后包公陈州放粮回转东京时，于草桥镇天齐庙遇到流落民间的李太后，将之请回东京，才使真相大白于天下。刘后惊亡，郭槐、尤氏受刑，李后还朝。

这个故事的重点内容，在原书中只占第一回的一半，后面的“草桥断后”占第十五回的一半，十六至十九回是“认母医睛”直到最后的“李后还朝”，加起来总共才五回书。但这个故事牵连的内容却非常多。

通俗文学中，关于宋代的书、戏特别多，杨家将系列上接唐五代故事，下启《水浒传》《岳飞传》《济公传》，杨家将故事又旁及呼家将、狄青故事等，俗文学中历代第一文官包拯的故事也发生在这个时代。“狸猫换太子”除了见于以包公为主角的《三侠五义》，还见于同时代成书的以包公、杨宗保、狄青三家故事合编的《万花楼演义》，情节大体相同。更早的嘉庆六年（1801）本《五虎平西前传》（此书亦演义狄青故事）中包公自言：“你不知本官的厉害，断过多少无头疑案，你可记得狸猫换主三审郭槐的事情，李太后含冤一十八载，郭槐抵死不招，后来如何审出真情，你难道忘记了么？”可见故事早就流传于民间。

宋人传说，宋太祖赵匡胤是霹雳大仙转世，仁宗赵祯是赤脚大仙转世。仁宗的降生在历史上确实不易，故有种种异说。赤脚大仙之说早在宋代就已产生，但影响不大。广义的“狸猫换太子”之说最早见于元代，却在民间文学中传唱不断。历史上仁宗生母李氏的命运，其实另有一番心酸：李氏只是真宗的宫人，生下太子后她直到老死宫中，也没能与自己生的皇帝儿子相认，死后才勉强“进位宸妃”。直到刘后归天，仁宗才知道自己的生母是谁。

元朝无名氏编撰的杂剧《金水桥陈琳抱妆盒》（简称《抱妆盒》）是今所见最早的“狸猫换太子”故事，其后尚有明代戏曲《金丸记》（情节与《抱妆盒》大体相同）、弹词《新刊全相说唱足本仁宗认母传》与小说《桑林镇》（见于明《包公案》五十七“宋仁宗认母审奸臣　刘娘娘私赂露机关”，“桑林镇”即后来版本中的“草桥镇”），还有清戏曲《正昭阳》等。但这些故事中，其实并无“狸猫”。《抱妆盒》中刘后只令寇承御诓出李美人所生太子杀之弃尸金水桥而未果，几乎就是暴力杀人，并无诬陷李美人产下妖怪的设定。《桑林镇》中，李妃所产为太子，刘妃所产为公主，郭槐将公主与太子相换，李妃误杀公主蒙冤（《正昭阳》略同），也并没有“狸猫”什么事。至清中期《五虎平西前传》《万花楼》《三侠五义》等书，才有以“狸猫”来“换太子”的情节。

《三侠五义》的真正主角是包公。此书前二十回以公案故事为主，以仁宗降生为始，李后还朝为终，中间包公出世、狐狸三报恩、定远县审乌盆、贤臣应梦、陈州放粮等情节，纵横捭阖，大体都是为破此“狸猫换太子”案做铺垫。只因破此惊天大案，包公才被太后认为义子，无限荣耀。李后还朝之后，接下来的故事是耀武楼南侠展昭献艺，得“御猫”之封，引出“五鼠闹东京”等大量情节。书自二十一回至五十八回，即《五鼠闹东京》。至五十九回北侠欧阳春出世（故事实际进入“霸王庄”阶段），围绕包公的三侠五义共九人[①]全部出场，全书完成奠基。也就是说，《三侠五义》的故事基础，就建立在“狸猫换太子”“五鼠闹东京”这两个与猫有关的故事之上。

及至清末，俞樾改《三侠五义》为《七侠五义》，删改第一回《狸猫换太子》相关情节，其实非常欠妥。续书《小五义》中有外号“玉面猫”的熊威，同时有“赛地鼠”韩良，仿“御猫”展昭（字熊飞）与“彻地鼠”韩彰，以谐音造成故事悬念（第九十四回之后）。此“玉面猫”似正非邪，并不出彩，在后来的《续小五义》中牺牲在团城子（第七十九回《赛地鼠龙须下废命　玉面猫乱刀中倾生》），可见其实此“玉面猫”出场就为送死。由于续作绝大多数内容都是侠义书，公案内容甚少，也就再也没有出现类似“狸猫换太子”的情节。单田芳说《三侠五义》，后续《七杰小五义》《白眉大侠》甚至《龙虎风云会》《水浒外传》[②]等大量内容，但自“五鼠闹东京”开书，不说“狸猫换太子”一段公案，这是发挥“侠义书”性质所致。读者如想听《狸猫换太子》评书，推荐听田连元早年演播的《包公案》。如石连君、连丽如等，亦曾演播相关内容。

① 三侠，指南侠展昭、北侠欧阳春和双侠丁兆兰、丁兆蕙。五义（大五义）即五鼠，钻天鼠卢方、彻地鼠韩彰、穿山鼠徐庆、翻江鼠蒋平，还有锦毛鼠白玉堂。

② 单田芳《水浒外传》中第一高手白继忠，是锦毛鼠白玉堂的孙子，亦即玉面小达摩白云瑞的儿子。

清末民初天津隆发合画庄彩色石印《狸猫换太子年画》（局部）

或说“狸猫换太子”故事来自佛经[①]，此说可疑。隋代以前出现的汉语文献《佛说孝顺子修行成佛经》中，确实有“如今不产太子，正产猫子”这样的情节。但此经长期失传（其残卷今见于敦煌卷子），估计不为清代人所见。且其故事重点不在“狸猫换”，而在“太子”出生遭难。所以仍如一般认为的，故事以宋代真宗至仁宗朝的史实为原型，中间经历元代戏曲《抱妆盒》，明代小说《桑林镇》，至《万花楼》《三侠五义》始有“狸猫”的戏份加入。故事虽以“狸猫”冠名，但本质上与狸猫无关。

民间文学常用俗套，此“狸猫换太子”又见于钟无艳故事。钟无艳故事起源甚早，元代即有《钟离春智勇定齐》，但其中并没有“狸猫换太子”的情节。清《英烈春秋》（中国国家图书馆藏京都东二酉堂本）中，有如下情节：“无艳怀孕产子，夏迎春暗以狸猫换太子，齐王怒，无艳三入冷宫，宫女彩云携皇子潜逃出宫，嫁与楚将黄盖，取名黄元。”[②]“换太子”的一小段内容，与宋仁宗版明显同源。《万花楼》最早可见嘉庆十三年（1808）版，《三侠五义》是咸丰（1851—1861）、同治（1862—1874）年间由石玉昆口头创作，而大约道光（1821—1850）年间成书的《英烈春秋》正在两者之间。《英烈春秋》传唱民间的过

① 李小荣：《〈狸猫换太子〉的来历》，《河北学刊》2002年第2期。

② 蒋丹：《清京都东二酉堂刊〈英烈春秋〉鼓词研究》，山西大学2013届硕士学位论文。原文言“三入冷宫”是因为其前文有“一入”“二入”。“取名黄元”的是钟无艳所生太子，后回改本姓称“田元”。

程中，偶尔又变“狸猫换太子”为“猿猴换太子”（见石连君、石印红《英烈春秋》评书，其他版本《英烈春秋》如牛崇光演唱版仍用“狸猫”）。“狸猫”变为“猿猴”，故事不受影响，亦可见此故事中被剥了皮顶替太子的“狸猫”并不重要，只不过是一个“妖怪”符号。

抛开故事中狸猫的问题，单纯看这个故事，其艺术感染力也非常强。中间“拷打寇珠”“余忠替死”“草桥断后”等情节催人泪下，“假扮阴曹审郭槐”则离奇跌宕（实与杨家将故事中“审潘洪”的情节相同），殊为民间津津乐道。清代子弟书有《盘盒》《救主》《拷御》；宝卷有《李宸妃冷宫受苦宝卷》《阴审郭淮宝卷》《狸猫宝卷》等等。今戏曲中则有二人转《范中华别母》（推荐丫蛋、王小利版）、《打龙袍》（推荐李多奎、裘盛戎版）等小说中没有的内容。“范中华别母”在“草桥断后”之后，讲的是李太后与相依为命的义子范中华分别的心酸过程。“打龙袍”讲的是“李后还朝”之后，包公因子为帝、母行乞而要打仁宗，仁宗高贵不能真打，所以让仁宗脱下龙袍，象征性打了几下。《打龙袍》（所说情节与《三侠五义》小说不尽相同）中李后唱道：

一见皇儿跪埃尘，开言大骂无道的君。

二十年前娘有孕，刘妃、郭槐他起下狠毒心。

金丝狸猫皮尾来剥定，她倒说为娘我产生妖精。

老王爷一见怒气生，将为娘我推出了午门以外问斩刑。

多亏了满朝文武来保本，将为娘我打至在那寒宫冷院不能够去见君。

一计不成二计生，约定了八月十五火焚冷宫庭。

多亏了恩人来救命，将为娘我救至在那破瓦寒窑把身存。

多亏了陈州放粮小包拯，天齐庙内把冤申。

包拯他回朝奏一本，儿就该准备下那龙车凤辇一步一步迎接为娘进皇城。

不但不准忠良本，反把包拯上绑绳。

若不是老陈琳他记得准，险些儿你错斩了那架海金梁擎天柱一根。

我越思越想心头恨，不由得哀家动无明。

内侍看过紫金棍，替哀家拷打无道君。

狸猫选太子

同样是宋朝，北宋靖康元年（1126），徽钦二宗连同宋宗室成员被金兵掳至北方。徽宗之子康王赵构（太宗六世孙）幸免，后即位于南京应天府（今河南省商丘市），是为宋高宗。历经波折，南宋定都杭州，但经历多年凶险后的高宗已经失去生育能力。高宗仅有一子赵旉（元懿太子），三岁便夭亡，此后再无亲生子嗣。

元懿太子亡于建炎三年（1129），此后高宗便在大臣们的建议下，计划拣选太祖赵匡胤的后代"伯"字辈（太祖七世孙）的小孩来做储君。原来，太祖赵匡胤将帝位传与其弟太宗赵光义，而太祖的后代在北宋时一直没能登上帝位，北宋自第三帝真宗赵恒以下，皆为太宗后代。但经过靖康之耻，皇室成员多被金人掳走，所以高宗才想到将帝位传给太祖后代。《狸猫换太子》故事中"虚晃一枪"传位太祖后代的情节，竟然在历史上真的实现了。

绍兴二年（1132）五月，六岁的伯琮被选育在皇宫之中，绍兴三十二年（1162），正式被立为皇太子，当年受高宗禅让而登基，是为孝宗。孝宗是太祖七世孙，生于建炎元年（1127）十月戊寅。《宋史》记其母张氏曾梦见一人抱一羊给她，说："拿这个来做标记吧。"而后怀孕生子，生时“红光满室，如日正中”云云。

此梦羊之说不知何解，但当时学者的书中却有一个与猫相关的孝宗逸事：绍兴二年，高宗命主管宗室事务的赵令畤，访求十个七岁以下的“伯”字号宗室成员，进宫备选，也就是给自己找个同宗的侄子来过继。此十人中被选出两人，一胖一瘦。高宗本来计划留下胖小孩培养做储君，赏给瘦小孩三百两银子让他回家。临时高宗又忽然说：“再留他俩一会儿让我仔细观察一下。”于是命二人叉手并立。这时忽然有一只猫儿走到二人跟前，胖小孩下意识地用脚把猫轻轻踢开了。（原文是“以足蹴之”，想必绝不至于达到虐猫的程度。）高宗便说：“此猫偶尔而过，何为遽踢之？轻易如此，安任重耶？（这只猫儿偶尔从此经过，何必就要踢开它呢？这般浮躁，怎能委以重任？）”最终被留下的是瘦小孩，得赏回家的是胖小孩。这个瘦小孩就是伯琮，即后来葬于永阜陵的孝宗赵昚。胖小孩名伯浩，最后官至温州都监。（王明清《挥麈录余话》卷一《绍兴中选择宗子》引赵子导彦沔云。此文虽仅见于文人笔记，不见于正史，但可信度较高。）

此即“狸猫选太子”。

孝宗在位二十七年，声望较高，所以有“乾淳之治”的美誉。早年这段经历被人说成“喵星人意外决定皇室继承人”，人又说“如果以现代的眼光来看，高宗或许真的是个不折不扣的猫奴吧”。可惜高宗和孝宗都没有其他有关猫的史料流传下来。

狸猫护太子

齐桓公开启了春秋时代的霸主政治模式，但在齐桓公之后，却是晋文公等享有霸主之名，齐国再无霸主。像宋襄公实力太弱，楚庄王非中原正统，所以他们能不能称为霸主，在历史上是有争议的。即使这种有争议的霸主还有秦穆公、晋悼公、吴王阖闾、越王勾践等，也再也没一个出现在齐国。个中原因，很大程度是因为齐桓公之后出现了“五子争立”的乱象。

齐桓公好色，光是夫人（正室）就立了三位，如夫人（偏房）则有六人，可惜正室偏偏没有生儿子。本来，桓公是立公子昭为太子的，但又受易牙、竖刁的蛊惑而许诺立公子无亏（字武孟），在传位的问题上有所动摇。所以，《左传》说管仲死后，齐国“五公子皆求立”。公子昭本来是太子，即位理所应当，所以“五公子”指的是另外五人：公子无亏、公子元、公子潘、公子商人、公子雍。

桓公的霸政，其实就是管仲的霸政。管仲虽然贤良，但一没有为自己找好接班人，二没有给桓公找好接班人。管仲死后，朝政很快落入易牙、竖刁、卫公子开方等奸臣之手，仅仅三年，桓公惨死。

桓公死后，公子无亏首先通过易牙、竖刁的暴力夺权而即位（事在前643年）。但第二年（前642）春天，宋襄公就带着诸侯联军来攻打齐国，拥立公子昭即位，是为齐孝公。公子无亏即位不到半年就被杀了，未能改元，史称“武孟”而非“齐武公”。

齐孝公在位十年而亡，卫公子开方杀孝公子而立桓公子潘（事在前633年），是为齐昭公。

齐昭公立二十年而亡，子舍即位，但很快就被桓公子商人杀了。杀完齐君舍，商人先是虚让了一下自己的兄弟桓公子元，然后即位（事在前613年），是为齐懿公。

齐懿公立四年，被手下杀死，齐人立桓公子元（事在前609年），是为齐惠公。

桓公之子中，除了以上五个真正当过齐国国君的，还有一个公子雍。齐孝公九年（前634），楚成王派兵帮助鲁国攻下齐国的谷（今山东东阿），将公子雍安置其中，易牙辅佐，等待时机攻入齐国，废齐孝公昭。同时，楚成王又任命齐桓公之子七人（这七个公子没有留下名字）为楚国的大夫，意思是立公子雍不得的话，楚国还能立桓公其他儿子。可惜很快楚国就在城濮之战中被晋国重创，公子雍等便不知下落。

以上便是齐桓公之后的“五子争立”，自桓公下世至惠公即位，共历三十五年。

齐惠公死后，子无野即位，是为齐顷公，以后姜齐的国君都是齐顷公的后代了。齐桓公五子二孙都当过齐国国

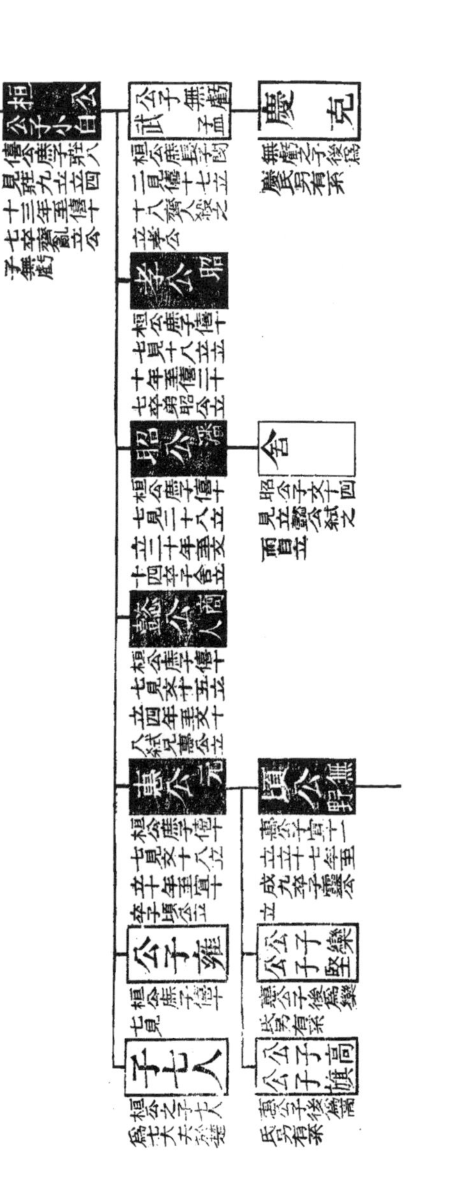

《齐桓公子孙世系图》

（据［清］陈厚耀《增订春秋世族源流图考》改订）

君，为何单单是惠公—顷公这一枝传下去了呢？这个问题似乎需要一个答案。

齐顷公的母亲，《左传》称之为“萧同叔子”[①]。萧为当时的小国，为宋国附庸，地在今安徽省萧县西北。宋国子姓，萧国亦子姓，“萧同叔子”之“子”即其姓。“叔”是其行第，“三公主”“三小姐”的意思。“同”难解，大概是其父母之氏，如“宋华子”（公子雍之母）之“华”（宋国华氏出宋戴公，是宋国大族），又如“颜懿姬”“鬷声姬”（见《左传·襄公十九年》）之“颜”“鬷”，也就是说“同”字很可能暴露了顷公之母只是大夫之女。“萧同叔子”，即来自萧国同氏在家行三的子姓女。当时的大国婚姻讲究“必宋之子”“必齐之姜”，就是尽量是强国嫡系公主和本国国君配合。但是，萧同叔子的出身并没有太尊贵。

据《公羊传》《穀梁传》《史记》等很多文献，齐顷公七年（前592），晋国使者郤克等人在齐国访问时，受到了委屈。传说郤克是“独眼龙”，鲁国的季孙行父秃头，卫国的孙良夫是个跛子，曹国的公子首驼背，四人同时来到齐国，齐顷公的母亲想看四人笑话，所以故意安排独眼之人去接待独眼的郤克，秃头去接待秃头，跛子去接待跛子，驼背去接待驼背。此情此景，远比传说中西周时的烽火戏诸侯更加可笑。萧同叔子的笑声，被郤克等人听到，引发晋

① 《公羊传》《穀梁传》作“萧同侄子”，《史记·齐世家》作“萧桐叔子”，《晋世家》作“萧桐侄子”。

等多国与齐国之间的鞍之战。齐国虽然强大，仍被晋国击败，不得已赔款拨地。郤克还不答应，放出狠话，一让齐国交出国母萧同叔子去晋国当人质，二让齐国把陇亩方向都改成东西向，方便晋国随时来打。齐国当然没有答应，说这不可能，大不了咱就拼了，不可能交出国母。郤克也知道自己说的是气话，才在鲁国、卫国的调停下接受了齐国的议和条件。

《左传》说当时去齐国的只是郤克，郤克也没有什么残疾，最接近当时的事实。《左传》只说“郤子登，妇人笑于房”，没说其“妇人”就是萧同叔子，但其他书里说是萧同叔子也是合理的。从这个事上也可以看出萧同叔子的气质，确实不怎么雍容。退一步讲，即使当时的“妇人”不是萧同叔子，郤克战胜之后提出“必以萧同叔子为质”的条件，大概也有歧视萧同叔子身份的意思。

晋《搜神记》中，干脆说萧同叔子就是齐惠公的小妾。说萧同叔子怀孕之后，因为身份低贱，不敢对人言讲。某日出外打柴，偶然生子于野外，也不敢哺育，就把孩子丢在了野外。“有狸乳而鹯覆之”，就是有狸猫来给喂奶，晨风鸟来给当被子。狸猫是食肉的猛兽，晨风是食肉的猛禽，今不食此幼子，偏偏来护卫。人们见此异象，认为这个孩子必能成事，所以收养了他，因而为之取名“无野”，是为顷公，其后世代为齐君。

此“狸猫护太子”当然只是传说，但它解释了五子争立之后，为何单单惠公—顷公一系坐稳了齐国江山的问题。在古代，还是有很多人愿意相信的。而这个传说首见于记载的年代非常奇怪，竟然晚至九百年后的东晋。古人著述常常有所依凭，如《搜神记》“古冶子”条即见于《晏子春秋》。此“狸猫护太子”亦必有依据，或出汲冢书也未定。西晋时汲郡（治所在今河南卫辉市西南）人盗发战国时魏襄王冢，得书十余种，其中《琐语》十一篇，“诸国卜梦妖怪相书也”。“狸猫护太子”或即出自《琐语》。李剑国《唐前志怪小说史》：“刘知几《史通·申左篇》云汲冢获书后，‘干宝借为师范’。自注：‘事具干宝《晋纪·叙例》中。’我们相信，干宝在撰集《搜神记》时，也肯定要借《琐语》为‘师范’的。”

“狸孩”齐顷公之前，楚有“虎孩”令尹子文；后汉武帝时乌孙王昆莫，“匈奴攻杀其父，而昆莫生，弃于野。乌嗛肉蜚其上，狼往乳之”（《史记·大宛列传》），是为“狼孩”。传说中这样的小孩，都比较强悍，齐顷公当然也不弱。鞍之战齐国虽败，但晋国赢得也不是那么容易。之前，齐顷公先是亲自指挥军队，战胜了鲁国和卫国，晋军来时，齐国军队已经疲惫了。即便如此，齐顷公仍有豪言曰：“余姑翦灭此而朝食。”要先灭了晋军再吃早饭。战争中，晋国大将郤克中箭负伤，只因强打精神，惊其战马，晋国联军才冲上来战胜了齐国大军。齐顷公逃跑时，明知追来的战车上谁是君子，却不去射杀，表现了贵族风度。最后逢丑父顶替齐顷公被抓，齐顷公逃出后，又带领残兵杀回晋军营救逢丑父，三入三出，不可不谓勇武。鞍之战之后，齐顷公不事享乐，亲政爱民，故家国安宁，得享美名。

猫书解题

宝意猫儿经

中国历史上第一本以“猫”为名的书，是《宝意猫儿经》。此书是南北朝时期作品，题“元魏婆罗门瞿昙般若流支译”。“元魏”是朝代名，即北魏，其君主由拓跋氏改称元氏。“婆罗门”是印度最高级的种姓。“瞿昙”是姓氏。“般若流支”（音译）是名，意译亦可言智希。史载这位智希和尚于北魏孝明帝熙平元年（516），自南天竺（或作中印度）波罗柰城（今印度北方邦瓦拉纳西［Varanasi］市），来至洛阳，后迁邺城（今河北省邯郸市临漳县）金华寺等处，在东魏孝静帝兴和（539—542）末年之前，“译正法念、圣善住、回诤、唯识等经论，凡一十四部八十五卷”（《续高僧传》卷第一）。《宝意猫儿经》一卷，当包含于此“一十四部八十五卷”之中，想来篇幅不长。旧注言此经“为高仲密出”，必高仲密曾为译此经出资。勃海（郡名，治所在今河北省沧州市东光县）高仲密，名慎，字仲密，《北齐书》卷二十一有传，官至骠骑大将军、开府仪同三司、御史中尉，名下“为出”“为译”经论多种[1]。此经隋代

① 此《宝意猫儿经》一卷外，《开元释教录》卷第六尚记《犊子道人问论》一卷，《宝髻菩萨四法经论》一卷，《三具足经论》一卷，《转法轮经论》一卷，《回诤论》一卷，并言“为高出”或“为高译”。

及唐代早期犹存，见费长房《开皇三宝录》及《大周刊定众经目录》卷第七《小乘单译经目》；但似乎很快便亡佚，《开元释教录》卷第六已言“阙本”，卷第十四亦列入“大乘经单译阙本”中，此后更是空存名目。

此《宝意猫儿经》，或入小乘，或入大乘，究不得详。“宝意”为何，凡有数说，如佛名、法门名、世界名：

据三国吴支谦译《撰集百缘经》卷第一《名称女请佛缘》：一个少妇在施舍佛陀之后，见佛法神异，遂礼拜发愿。佛陀因而微笑，并对弟子说此妇将来可成正果：“当得作佛，名曰宝意，广度众生，不可限量。”如此说，“宝意”是未来这位佛的名字。《佛说华手经》卷第三：“东方去此过二万五千阿僧祇[①]界，有世界名众华，是中有佛，号曰宝意。”智希译《圣善住意天子所问经》卷上中有“宝意菩萨”杂于众菩萨之间，其他佛经中另有宝意如来、无量宝意菩萨、无边宝意菩萨，又有宝意天子、宝意王子、宝意童子，皆不知是否即此未来佛。但此佛与猫儿是否有何关联，则不可知。

罗陀那质多（Ratnacitta），佛教概念中的世界名，意译则为“宝意”。据西晋安法钦译《佛说道神足无极变化经》卷第三，宝意世界中尽是各种宝物，人们从心所欲，但没有淫邪、贪婪、懒惰等恶念，寿八万余岁，而死后“不堕

① 阿僧祇为印度数目之一，无量数或极大数之意。

［明］李孔修《猫》

三恶道”，仍转生于净土。这里没有说到动物，似乎宝意世界中也没有动物。“畜生道”本“三恶道”之一，猫更是畜生之中的恶兽，所以说佛教乐土“宝意世界”中似乎不应该存在猫。

“宝意”又为佛教修习方法。西秦圣坚译《佛说无崖际总持法门经》卷第一：“宝意法门，以宝意为翼从。”这是密教部类文献，不详何指。北凉天竺三藏昙无谶译《大方等无想经》卷第三《大云初分福田健度第三十四》佛所说“十法门”中有“宝意法门”，则亦未尝详说，空存名目。宝意法门与猫儿的关系，亦难以探知。

同样是北魏时来自中印度的译经僧人勒那摩提（Ratnamati），名字意译亦作宝意。佛经必须是与佛陀直接相关的，不会用北魏时的僧人命名，所以此僧与《宝意猫儿经》当无关联。

综上，智希译《宝意猫儿经》所说内容未详。

以猫为主角的佛经篇卷，则有《佛说野鸡经》《山鸡王缘》与《金猫因缘》，已见于本书《我佛不养猫》一章。

善记猫事

南唐后主李煜有个儿子，被封为岐王。这小岐王六岁那年，不幸被宫中佛像前的大琉璃瓶子落地的声音吓到，以致最终得病夭亡。原来是一只猫儿碰倒了那瓶子，而小岐王当时正在佛像前玩耍。

李后主手下有大名鼎鼎的“江南二徐”，兄铉（字鼎臣）弟锴（字楚金），皆以学问博洽著称。后主命弟弟徐锴为小岐王写墓志，以寄哀思。徐锴对徐铉说：“即使这篇墓志不引用有关猫的典故，这些典故兄长能记得多少？”哥哥徐铉就条列了二十多条出来。弟弟看到后说，我刚才已经想到了七十多条，哥哥感慨道：“楚金记忆力太好了！”（哥哥称呼弟弟用字，可能有宾服的意味。）第二天早上，弟弟又跟哥哥说：“昨晚我又想到了几条。”哥哥不得不鼓掌赞美。

事见邵思《野说》。邵思是雁门人，又有《姓解》一书传世，生平不详。从今可见其《野说》多记南唐之事来看，学者推测邵思是北宋初年的人。

《说郛》《天中记》《山堂肆考》《衔蝉小录》引此文，分别题作“善记故事”“善记猫事”“共论猫事”“策猫事”。历来爱猫者艳传此事，如《衔蝉小录》作者孙荪意便有“敢说才高继二徐”的诗句。唯独明人张燧《千百年眼》卷九“徐锴征猫事非实”，对此提出了尖锐的质疑，今译述如下：

传说南唐徐锴与其兄徐铉，征引了有关猫的典故七十余条。然而古今与猫有关的典故是很有限的，即使经典、史著、诗文集里凡是沾边的内容，哪怕再零碎的也算上，也不该有这么多。大概二徐兄弟偶然互捧，世人没有仔细考究，承袭为真罢了。二徐兄弟于宋初，协同李昉等学者编纂《太平御览》《太平广记》等大型类书，其中收辑的猫的典故也不过十余条。徐铉怎么不把那所谓的七十余条猫的典故补充到《御览》《广记》中呢？

张燧所谓《御览》《广记》引猫事十余条，大概是指《御览》九一二兽部二十四“猫”七条，加《广记》四四〇畜兽七“猫”四条。然而检索全文，《御览》引猫事十五条，《广记》则为三十条。今就历代类书、诗文总集等，广搜宋初以前文献，所得猫事（并《御览》《广记》引），简单罗列如下：

《诗·大雅·韩奕》：有猫有虎。

——《御览》九一二《兽部二十四》引

《毛诗传》：猫，似虎而浅毛者也。

《山海经·西山经》：天狗，其音如榴榴。郭璞注：或作猫猫。

[宋]佚名《狸奴图》
台北故宫博物院藏

《礼记·郊特牲》：迎猫，为其食田鼠也。

——《御览》九一二《兽部二十四》引

《礼记·郊特牲》郑玄注：猫虎五。孔颖达疏：王肃分猫虎为二。

《尹子》（或作《尹文子》《尸子》）：使牛捕鼠，不如猫狌之捷。

——《御览》九一二《兽部二十四》引

《尔雅·释兽》：虎窃毛谓之虦猫。

——《御览》九一二《兽部二十四》引

《尔雅·释兽》：狻猊，如虦猫，食虎豹。

——《御览》八八九《兽部一》引

东方朔《答骠骑难》：曾不如跛猫。

——《御览》八九七《兽部九》引

韦昭《国语·楚语下》注：品物，谓若八蜡所祭猫虎昆虫之类。

张揖《广雅·释兽》：貔、狸，猫也。

郭璞《尔雅·释兽》"蒙颂"注：健捕鼠，胜于猫。

——《御览》九一三《兽部二十五》引

干宝《搜神记》：见猫衔而聚之。

龚庆宣《刘涓子鬼遗方》：勿使旁人及鸡犬猫见其膏。（又一句略同）

般若流支译《宝意猫儿经》，见费长房《开皇三宝录》（《大周刊定众经目录》等同）。

僧祐《檄太山文》引故黄罗子经《玄中记》：自称天地父母神者，必是猫狸野兽。

顾野王《玉篇》：猫，似虎而小，人家畜养令捕鼠。

贾思勰《齐民要术》卷七：预前数日着猫。

刘昞《人物志·效难第十一》注：犹听猫音而谓之猫。

《刘子·审名第十六》注：狸，野猫。

《魏书·太武五王传》：其小儿、猫儿、真、虎头、龙头并阙母氏，皆早薨，无传。

《隋书·礼仪志二》：后周亦存其典，常以十一月，祭神农氏、伊耆氏、后稷氏、田畯、鳞、羽、嬴、毛、介、水墉、坊、邮表畷、兽、猫之神于五郊。

《隋书·高祖纪》（《北史·隋本纪》同）：诏畜猫鬼蛊毒厌魅野道之家，投于四裔。

《隋书·文献独孤皇后传》（《北史·隋文献皇后独孤氏传》同）：后异母弟陀以猫鬼巫蛊咒诅于后，坐当死。

《隋书·独孤陀传》（《北史·独孤陀传》同）：本从陀母家来，常事猫鬼。

——《御览》七三五《方术部十六》、九一二《兽部二十四》，

《广记》三六一《妖怪三》“独孤陀”条引

萧吉《五行大义》：申朝为猫。

智顗《摩诃止观》：子有三，猫、鼠、伏翼。

巢元方《诸病源候总论》：猫鬼者，云是老狸野物之精，变为鬼蜮，而依附于人。

《朝野佥载》：家养老猫为厌魅。

——《广记》一三九《征应五》“猫鬼”条引

《朝野佥载》：猫儿饥，遂咬杀鹦鹉以餐之。

——《广记》二八八《妖妄一》“调猫儿鹦鹉”条引

《朝野佥载》：瓒取猫儿从尾食之。

——《广记》一九三《豪侠一》“彭闼高瓒”条引

《朝野佥载》：缚鼠与猫，终无脱日。

——《广记》二六八《酷暴二》“京师三豹”条引

《朝野佥载》：梦猫儿伏卧于堂限上。

——《广记》二七七《梦二》“薛季昶”条引

《朝野佥载》：猫犬互乳其子。

——《广记》二三八《诡诈》“王燧”条引

《朝野佥载》：目为觑鼠猫儿。

——《广记》二五五《嘲诮三》“魏光乘”条引

《酉阳杂俎》：猫目睛，旦暮圆。

——《御览》〇二三《时序部八》“夏至”条引，

《广记》四四〇《畜兽七》“猫”条引

《酉阳杂俎》：常攘狗及猫食之。

——《广记》三四三《鬼二十八》“李和子”条引

《玄怪录》：絷三猫于筐篋。

——《广记》三八五《再生十一》“崔绍”条引

《玄怪录》：又无猫鼠猪犬扰害之类。

——《广记》三八三《再生九》“古元之”条引

《博异记》：乃一白犬，大如猫。

——《广记》三〇九《神十九》“张遵言”条引

《开天传信记》：猫猴猪貀。

——《广记》二一二《画三》“金桥图”条引

《东阳夜怪录》：见一大驳猫儿眠于上。

——《广记》四九〇《杂传记七》引

房玄龄《蜡祭议》（《大唐郊祀录》《大唐开元礼》《唐六典》）：卯日祭社稷于社宫，二十八宿，五方之山林，川泽丘陵，坟衍原隰，鳞羽蠃毛介，水墉、坊，邮表畷，猫、虎及龙鳞、朱鸟，白虎、元武，方别各用少牢一。

赵元一《奉天录》：先是，朱泚典郡凤翔，有猫乳鼠，表奏称境有祥。

《唐书》：又以其柔而害物，亦谓之“李猫”。

——《御览》四九四《人事部一三五》“诡诈”条引

《唐书》：又有天鼠，状如雀鼠，其大如猫，皮可为裘。

——《御览》七九八四《四夷部十九·西戎七》“吐蕃”条引

《唐书》：百千生愿得一日为猫，阿武为鼠，吾扼其喉以报今日，即足矣。

——《御览》九一二《兽部二十四》“猫”条引

《唐书》：朱泚军中有猫乳鼠者，泚献之为祥。

——《御览》九一二《兽部二十四》“猫”条引

成玄英《庄子疏》：狌，野猫也。

《赵州录》：南泉斩猫。

《赵州录》：是你唤作猫儿。

义净《南海寄归内法传》卷三：自有方处，鄙俗久行，病发即服大便小便，疾起便用猪粪猫粪。

孙思邈《千金翼方》卷一九（《千金宝要》卷六同）：猫鬼。

孙思邈《千金翼方》卷一九：狸屎灰主寒热，鬼疟，发无期，度者极验。家狸亦好，一名猫也。

孙思邈《千金翼方》卷二十：不令一切杂人猫犬六畜及诸不完具人女人等见。

孙思邈《千金翼方》卷第三十《禁经下》：汝是猫之仇，又非猛兽之侣。

王焘《外台秘要方》：猫鬼野道方三首。

王焘《外台秘要方》：其酿酒室唯造酒得入，自外猫犬、妇人不得辄入室中。

王焘《外台秘要方》：烧猫屎灰，以腊月猪脂和，敷之。

王焘《外台秘要方》：猫儿骨烧作灰，敷之即瘥。

王梵志《回波乐》：口共经文语，借猫搦鼠儿。

李端《长安感事呈卢纶》：扪虱欣时泰，迎猫达岁丰。

柳宗元《掩役夫张进骸》：猫虎获迎祭，犬马有盖帷。

李绅《忆寿春废虎坑余以春二月至郡主吏举所职称霍山多虎每岁采茶为患择肉于人至春常修陷阱数十所勒猎者采其皮睛余悉除罢之是岁虎不复为害至余去郡三载》：当路绝群尝诫暴，为猫驱猕亦先迎。

寒山《诗三百三首·其四十五》：骅骝将捕鼠，不及跛猫儿。

寒山《诗三百三首·其一百五十八》：失却斑猫儿，老鼠围饭瓮。

拾得《诗·其十七》：若解捉老鼠，不在五白猫。

元稹《江边四十韵》：停潦鱼招獭，空仓鼠敌猫。

崔日用《乞金鱼词》：大家必若赐金龟，卖却猫儿相赏。

——《广记》二四九《诙谐五》“崔日用”条引

裴谞《又判争猫儿状》：猫儿不识主，傍家搦老鼠。

——《广记》二五〇《诙谐六》“裴谞”条引《开天传信记》

李师政《内德论·辨惑一》：妖犹畏狗，魅亦惧猫。

陆据《对蜡飨不祀判》：迎猫无阙，言除硕鼠之患。

杨谏《大蜡赋》：欲硕苗而不害，则迎猫塈于田鼠。

徐景晖《对劳农有阙判》：顺月令以迎猫，伫星回而合蜡。

崔祐甫《奏猫鼠议》：右，今月日，中使吴承倩宣进止，以笼盛猫鼠示百寮。

郑岑《对蜡飨不祀判》：虽云迎猫而祭，其如避马有辞。

侯上卿《对蜡飨不祀判》：虽田恶鼠之食，在礼遵猫以迎。

权德舆《唐银青光禄大夫守中书侍郎同中书门下平章事赠太傅常山文贞公崔祐甫文集序》：虑法吏边吏之失其官守，故有《猫鼠议》。

柳宗元《永某氏之鼠》：因爱鼠，不畜猫犬。

牛僧孺《谴猫》：猫为兽，捕鼠啖饥，猫性也。

支乔《尚书李公造华严三会普光明殿功德碑》：猫虎曳练以表素，文字隐石以呈奇。

高升《对春日喂兽夏日迎猫判》：刁齿以春日喂兽，姜肱以夏日迎猫。

陈黯《本猫说》：何不改其狸之名，遂号之曰猫。

来鹄《猫虎说》：由是知其不免，乃撤所嗜，不复议猫虎。

《北梦琐言》：不意得力于猫鼠狗子也。

——《广记》二五二《诙谐八》“卢延让”条引

《北梦琐言》：旁有一猫一犬。

——《广记》一四五《征应十一》“严遵美”条引

《续仙传》：唯猫弃而不去。

——《广记》〇五一《神仙五十一》“宜君王老”条引

《杜阳编》：兼刻木猫儿以捕雀鼠。

——《广记》二二七《伎巧三》“韩志和”条引

《通幽录》：何不食我猫儿?

——《广记》三四〇《鬼二十五》“卢顼”条引

《戎幕闲谈》：鹿头寺泉水涌出，及猫鼠相乳之妖。

——《广记》三六六《妖怪八》“杜元颖”条引

《闻奇录》：果有白猫，自南踰屋而来。

——《广记》一五六《定数十一》“杜悰外生”条引

《闻奇录》：猫偶中枕而毙。

——《广记》四四〇《畜兽七》“归系”条引

《玉堂闲话》：猫儿语：莫如此，莫如此。

——《广记》三六七《妖怪九》“王守贞”条引

《玉堂闲话》：其雌者为猫所搏食之。

——《广记》四六一《禽鸟二》“范质”条引

《录异记》：我常令猫儿三五个巡检汝。

——《广记》四三三《虎八》“姨虎”条引

《稽神录》：其所蓄猫，戏水于檐溜下。

——《广记》四四〇《畜兽七》“唐道袭”条引

《稽神录》：某不忍弃，置猫坐侧。

——《广记》四四〇《畜兽七》“卖醋人”条引

以上凡97条，尚有多种佛教文献中的内容没能列入，“猫”的同义词“狸”也没能列入。《稽神录》作者即徐铉，但这种“今典”并不多。总之，二徐凭记忆列出七十余条猫事，并非没有可能。然而张燧之说并不是没有价值，至少隋代以前有关猫的文献确实少得可怜，以上诸条也有部分内容实际是重复的。我曾经在“中国哲学书电子化计划”网站上检索猫与十二生肖在先秦两汉文献中出现的频次，结果除去马牛羊鸡犬猪以及龙虎八种特别常见的动物名，各动物名出现的频次分别是鼠462，蛇592，兔309，猴56，猫10。这个数据当然不会特别精确，但足以在一定程度上说明，早期中国文化中猫的分量相对于十二生肖来说确实轻得可怜。

唐代有关猫的文献数量激增，虽然《全唐诗》中不多，但《全唐文》中的“猫”数量已经远超《全上古三代秦汉三国六朝文》了。宋代以后爱猫之风大畅，文献中的“猫”数不胜数，为专门讲猫的书的出现奠定了坚实的基础。

以类书而言，唐《艺文类聚》《北堂书钞》《初学记》《白氏六帖》，都没列“猫”为专门章节；北宋《太平御览》卷九一二《兽部二十四》有狸事23条，猫事7条，《太平广记》卷四四〇《畜兽七》中有猫事4条，卷四四二有狸事10条，《文苑英华》《册府元龟》皆无相应章节；南宋以后的存世类书渐多，猫事亦未见甚多，想《永乐大典》中之猫事当可为专书，可惜不存。

猫乘

中国历史上的以猫为主题的著作，今可见最早的是清嘉庆三年（1798）成书的《猫乘》八卷。编纂者王初桐（1730—1821），字于阳，号竹所，江苏嘉定（今属上海）人。于阳善于填词，以编纂号称“古代妇女百科全书”的《奁史》闻名，又有《杏花村琴趣》一卷，足见其风雅情性。但关于他，今天人们知道最多的，却是一部不足十分钟的动画短片《相思》。《相思》讲于阳与一女子六娘青梅竹马，但六娘长大后却被迫嫁与他人，情节凄婉动人，画面颇得江南水乡之韵。于阳有雅号曰“红豆痴侬”，与六娘之事实出自同时期作者毛大瀛的《戏鸥居词话》，唯动画演绎与词话本事相去甚远而已。于阳曾任四库馆誊录，不知今存《四库全书》中是否还能找到其笔墨。有《雪狮儿·猫》三首，见于其词集《杯湖欸乃》。

《猫乘》全书约28000字，其目录如下：

《猫乘》小引

卷一：字说、名号、呼唤、孕育、形体

卷二：事

卷三：畜养、调治、瘗埋、迎祭

卷四：捕、不捕、相处、相哺、相乳、义报、言、化、鬼、魈、精、怪、仙

卷五：种类

卷六：杂缀、图画

卷七：文

卷八：诗、词、句

乍看条理分明，但其书剪裁失当，讹脱时见。名为八卷，但全书不足3万字，颇为单薄。

《猫乘》今有稿本存于中国科学院文献情报中心，嘉庆三年（1798）自刻本可见于上海图书馆、南京图书馆，又有道光年间昭代丛书本（《丛书集成续编》八三影印），《生活与博物丛书·禽鱼虫兽编》1993年上海古籍出版社点校本，《猫苑 猫乘》2016年浙江人民美术出版社点校本，《猫苑 猫乘》2021年浙江文艺出版社彩色插图点校本，《猫苑 猫乘》2023年广陵书社宣纸线装点校本。

衔蝉小录

《衔蝉小录》八卷，仁和（今浙江杭州）孙荪意（1782—1818）辑。自序作于嘉庆四年（1799），初仅以稿抄本的形式流传于亲友间，孙氏死后次年（1819）始有刊本，2019年又有陆蓓容注评本。

《衔蝉小录》全书约44000字，其目录如下：

卷一：纪原、名类

卷二：征验

卷三：事典

卷四：神异、果报

卷五：托喻、别录

卷六：艺文

卷七：诗

卷八：词、诗话、散藻、集对

篇章结构相比《猫乘》有着明显的进步。今中国国家图书馆、天津图书馆、上海图书馆、南京图书馆、宁波市天一阁博物馆等处皆有收藏，但不知为何此书流布不广，古今学者很少提到此书。孙荪意曾提及“嘉定王竹所”，但未曾言及《猫乘》；黄汉曾提到《衔蝉小录》，却未见其书。清人三种猫书，可能只是不约而同地编成，并没有多少相互影响。

孙荪意之后，又有孙芳祖欲为《续衔蝉录》而未成。二孙皆为女子，孙荪意编纂《衔蝉小录》时年仅十七，卒年三十七，孙芳祖卒年仅十九，颇令人有红颜薄命之叹。详情可参考拙著《猫奴图传》。

猫苑

《猫苑》上下卷，永嘉（今浙江温州）黄汉[1]辑。书成于咸丰壬子（1852），有自序及张应庚序可证，扉页亦题“咸丰壬子冬新镌”“瓮云草堂藏板”。但刻成当在咸丰三年（1853），有黄钊序可证。卷尾之“补”，则说明后来补刻的可能。《四库未收书辑刊》拾辑·拾贰册有此瓮云草堂本。又民国二年（1913）上海进步书局《笔记小说大观》第二十五册中有此书石印本，1983年江苏广陵古籍刻印社重印。1993年上海古籍出版社《生活与博物丛书·禽鱼虫兽编》中亦有此书点校本。《猫苑》与《猫乘》合订本已见于前文外，2015年广州出版社《广州大典》第四十八辑子部谱录类391有此书点校本，2018年崇文书局“雅趣小书”及2020年江西美术出版社“古人的雅致生活”皆译注了此书，并配以大量彩图。除去影印，合计有九种正式版本，为古今猫书流布最广的作品。

《猫苑》全书约35000字，其目录如下：

① 黄汉生卒年不详，其早年读书，中年游幕四方；后编成《瓯乘补》，事在道光二十二年（1842）。《猫苑》成于咸丰壬子（1852），次年黄汉返乡，以后再未见记载，大概已老。

卷上：种类、形相、毛色、灵异

卷下：名物、故事、品藻、补

自然远胜于《猫乘》，但此书优缺点皆十分明显。

先说优点。《猫苑》除了常规收录历代古籍中有关猫的记载之外，还大量收录了当时人的散碎作品和口传内容。在如今各种强大的信息检索系统的对比下，古代猫书收集的古籍条目，显得稀少且多误。而那些流传在民间的内容，如果不是被《猫苑》收集记载下来，恐怕很容易就湮没在历史的洪流中。清末学者孙诒让曾评价黄汉的另外一部作品《瓯乘补》说："惟国初以来轶闻琐事记录颇多，可为续修志乘资。"此语移之《猫苑》亦可，《猫苑》的最大闪光点正在于其"轶闻琐事"。

《猫苑》所录轶闻琐事，基本在原书中退格书写的部分，标注了"某云""汉按"，也有满格书写特例。前者如"种类"章引张心田云："狮猫眼有一金一银者，余外祖胡公光林守镇江，尝畜雌雄一对，眼色皆同。余少住署中，亲见之。"后者如"灵异"章引作者故去的祖父说："家猫失养，则成野猫，野猫不死，久而能成精怪。"如此等独家资料，有赖《猫苑》流传。条目后也附有很多考辨按断，虽然多迂腐之论，但也反映了当时人们的一般认知。如"灵异"章引丁雨生（名日昌）说孔雀血有毒，流浪猫吃了孔雀所以销声匿迹了。事实上“孔雀血”当即“鹤顶红”，是古代砒霜的别名，并不是孔雀的血真有毒。类似有毒的“孔雀胆”其实是南方大斑蝥的干燥虫体，并不是鸟类孔雀的胆囊。丁日昌不达，黄汉引之，说明当时普通人大多作如是想。

《猫苑》的缺点，在于作者的品位存在很大的问题。虽然古人普遍比今人迷信，但这一点在黄汉身上体现得尤其明显。其“灵异”一章大半虚妄，而作者却津津乐道。如梦占类，《猫乘》《衔蝉小录》皆一笔带过，《猫苑》却着力申发，令人生厌。（参考拙著《猫奴图传》之《猜不透的是你》）

作者引文有时不得要领，如“灵异”章引《夜谭随录》“笔帖式”事仅有前面少部分内容，而原作之讽刺主题则根本没有得到表现；“故事”章引《聊斋志异·狐梦》“猫叫行令”事，将蒲留仙妙文变得索然无味。

然而最恶劣的，是自以为风雅的爱猫者黄汉，却在书“灵异”章中对给猫饮酒、吸烟之事大书特书。——这种以虐待为宠溺的情况，古往今来都不罕见，想想就令人痛断肝肠。

相猫经

猫，鼠将也。面圆者虎威，面长者鸡绝种。口九坎者能四季捕鼠，鸟喙者亚之，俗曰食鼠痕。体短则警，修者弗奋也。声阚则猛，雌者弗蹺也。目金光者不睡，绝有力；善闭者性驯。尾修者懒，短者劲。委而下垂者贪，独不嗜鼠。耳薄者畏寒，尖而耸者健跃，是绝鼠。戟鬣善动，靡鬣善鸣[①]。善搏者锯齿。脚长者能疾走，脚短者跳呶[②]，前短后长者鸷。露爪者覆缶翻瓦。距铁而毛斑者狸，是曰鼠虎。

此即如今最常见的《相猫经》，为清乾隆年间进士沈清瑞（1758—1791）在前人基础上整理而成，见于《沈氏群峰集》及《丛书集成续编》本《猫乘》的附录。《群峰集》初刻于嘉庆元年（1796），后又有光绪二年（1876）及光绪五年（1879）重刻本。《猫乘》未收录此文，而《衔蝉小录·名类》引《相猫经》三十一字，《猫苑》之《形相》《毛色》两篇中亦引《相猫经》，但三种《相猫经》文字差

① 鬣，在这里应该是指胡须。戟鬣即胡须高挺，靡鬣即胡须软塌。

② 呶（náo），喧哗。

异明显，可知并非一文。

沈氏《相猫经》前有序，称“别传有相猫法数语”，《猫乘·形体》《衔蝉小录·征验》亦引所谓“相猫法”。《猫乘》所引可见于明嘉靖二十二年（1543）刻《便民图纂》（《四库全书存目丛书》子部第一一八册影北京图书馆藏本）卷十四，《衔蝉小录》所引可见于明末陈继儒名下的《致富奇书》（上海图书馆藏清初刻本）下卷，要之皆出于明代，此“法”实即彼“经”之祖本。《便民图纂》之法实为三段：

> 猫儿身短最为良，眼用金银尾用长。面似虎威声要喊，老鼠闻之自避藏。
>
> 露爪能翻瓦，腰长会走家。面长鸡绝种，尾大懒如蛇。
>
> 又法：口中三坎者捉一季，五坎者捉二季，七坎者捉三季，九坎者捉四季。花朝口，咬头牲。耳薄，不畏寒。毛色纯白、纯黑、纯黄者，不须拣。若看花猫身上有花，又要四足及尾花缠得过方好。

古代《相猫经》又有其他版本，如清道光甲午（1834）新镌赣州本立堂《相牛猪猫狗全书》（见1994年第3期《中兽医学杂志》），光绪广州醉经堂印本《猫狗相法》（见2023年北京弘艺拍卖会），民国钞本“刘舅翁授”《相猫秘诀》（见2023年海王村拍卖会），省城荣德堂版《相猫猪狗》（梵蒂冈图书馆藏）等，内容当大同小异。1993年第3期《中兽医学杂志》刊有吴勉学《广西壮族民间相猫谚语》一文，1999年《新农业》刊有高金阁《相猫》一文，亦为《相猫经》一脉。

老鼠告猫

明清以来多见《狸猫换太子》之小说、戏曲，但其故事实与猫关涉不大。而曲艺小段《老鼠告猫》却实实在在是以猫为主角的故事。相关文献最早的应该是清嘉庆八年（1803）的积德堂抄本《老鼠告狸猫卷》，此后流传甚广，至今仍在民间演绎，互联网也可以轻易找到视频、音频。席迎迎《"老鼠告猫"故事的流传》与肖毛《老鼠告猫》二文对这个故事有着详尽的研究。

故事大概讲的是，老鼠全家被猫吃掉，老鼠鬼魂来到地府把猫告了，阎王差鬼卒拘来猫魂，猫鼠各自陈词，最后阎王判鼠败诉，令猫还魂。中间有很多直接写猫捕鼠的内容，又穿插了很多与猫有关的民间传说。

这里就京都宝文堂板《耗子告猫》（题为"新刻老鼠含冤阎王审猫段"）为主，结合其他版本改订，录出部分唱段（句多三三四式）如下：

盘古氏分天下三皇五帝，十八国夏商周兵顺西秦[1]。梁唐周五代乱人心不定，田地里出妖孽苦害

① 此句正常句式应该是"夏商周十八国兵顺西秦"，民间传说东周开始时有十八国，后并为十二国，又并为齐国，最后由秦统一全国。

> 黎民。出一物降一物狸猫逼鼠，爪似钩眼似铃须似钢针。一锭墨一块玉雪里送炭[1]，针保威震乾坤耳似巨轮。赐钢钩挂银瓶人人可爱，花狐狸探地穴自体腾云。小狸猫供桌上安眠寐寝，忽听得供桌下唧唧声音。大老鼠小耗子十数多回，来的来往的往齐出洞门。这老鼠成了精约在一处，猫听见不由得怒气生嗔。抖抖威拿拿式将身一纵，小耗子见狸猫入地无门。迭不得钻窟窿抽身便走，猫赶上不放松生吞活擒。啃着那大耗子细嚼烂咽，啃着那小老鼠囫囵整吞。小老鼠死的苦阴魂不散，口衔着冤枉状去见阎君。……

老鼠说自己的祖先曾经搬粮解救过先帝（赵匡胤或刘秀、李世民），先帝赐老鼠"普天下皇粮有俺三分"，所以猫不该吃老鼠。另据光绪九年（1883）抄本《无影传》，老鼠告猫的理由可补充为：

> 猫在世并无事业，主人公喂养殷勤，热时常在高楼卧，冷时与绣女同床，睡觉不分男女，吃食不论尊卑，咬鼠时不与快死，放一旁玩耍作乐，稍动时抓搭口吞。

① 此句是说有黑猫（一锭墨）有白猫（一块玉）有花猫（雪里送炭）。

宝文堂板中猫为自己辩护：

小狸猫家住在西方大国，包丞相借我来把鼠相擒。……庄稼人被他害恨入骨髓，找个猫恩养着费力劳心。想俺这吃主饭报主恩以德报德，怎可以没良心不去尽心？……

他只说运皇粮救过圣驾，他不说近东京作乱圣君。大老鼠变皇娘混乱宫院，小老鼠变万岁假充圣君。三老鼠变文武朝纲混倒，四老鼠变天师要把妖擒。五老鼠变圣人诗书不懂，众天兵下了界难辨假真。如来佛自空中送下我祖，他的祖见我祖现露真身。叩个头打个滚服伏在地，观世音讲人情收回祖人。（末一句或作：如来佛讲下情，才把你的祖贬进竹林。）

清代武强年画《老鼠告猫》

老鼠最后的辩辞则近乎胡搅蛮缠：

> 骂一声破狸猫真真可恶，东京事碍着你哪条青筋？都只为宋天子天分不久，普天下刀兵动大祸来侵。张别古成妖怪乌盆告状，阳狐狸男共女乱配成婚。金兀术造了反天翻地乱，只吓得你的祖头都不敢伸。[①]千里眼顺风耳天门把守，只唬得破狸猫胆战惊心。东屋藏西屋颠头也不出，前边走后边逃怎什能行。到春来得了食欢似猛虎，到冬来饿得你皮包骨筋。应为你偷嘴吃人人可恨，挖了眼抽了筋不称人心。

猫又陈老鼠种种劣迹，如糟蹋神像等。阎王最后将老鼠打在阴山之后永不翻身，又：

> 叫狸猫上前来听我封你，我封你到早晚常伴经文。我封你吃生肉连筋带骨，我封你在深闺夜伴佳人。我封你是何处任你行走，务必要尽心力常把鼠擒。

---

① 此二句据范芝云演唱的豫东琴书版补入，但其本事则不详。民间传说秦桧为铁臂虬龙转世，其妻王氏则为女土蝠转世，未闻猫在靖康之难前后有何事。或许只是老鼠无端造谣。后文“千里眼”两句亦不详。

民间歌谣中的猫

咒鼠

孙思邈《千金翼方》约成书于唐高宗永淳二年（683）。其时家猫已经深入中华大地，但人们对猫的态度还处于一种暧昧的状态之中，这在下面的两首咒鼠歌谣中可以略窥一斑：

> 天皇地皇，卯酉相当。
> 天皇教我压鼠，群侣聚集一处。
> 地皇教我压鼠，群侣聚集一处。
> 速出速出，莫畏猫犬，莫畏咒咀。
> 汝是猫之仇，又非猛兽之侣。

清代武强年画《老鼠娶亲》

东无明，南无明，西无明，北无明，教我压鼠失魂精。

群阳相将南目失明，呼唤尽集在于中庭。

急急如律令！

——《千金翼方》卷三〇《禁经下·禁鼠令出咒》

天生万虫，鼠最不良。

食人五谷，啖人蚕桑。

腹白背黑，毛短尾长。

跳高三尺，自称土公之王。

今差黄头奴子三百个，猫儿五千头。

舍上穴中之鼠，此之妖精，咒之立死。随禁破灭，伏地不起。急急如律令！

——《千金翼方》卷三〇《禁经下·禁鼠耗并食蚕咒》

前咒说到老鼠“莫畏猫犬”，不要害怕猫和狗，说明唐初人们以狗捕鼠还没有完全被以猫捕鼠替代。《千金翼方》同卷前文咒狗歌谣中也说：“皇帝遣汝时，令啮猴与鼠，不令汝啮人伤。”“黄狗子养你遣防贼捕鼠，你何以啮他东家童男，西家童女。”后咒说“今差黄头奴子三百个，猫儿五千头”，“黄头奴子”当指黄鼬。黄鼬善捕鼠，但难驯服，人用之少，所以表现在这里的灭鼠咒语中的数量就远少于猫。无论怎么讲，这两首咒鼠歌谣中，猫也都不是灭鼠的唯一选择。

纳猫契

古代有所谓“聘猫”，指的是某人家有新生小猫，你如果想要的话，就要用一种类似娶媳妇的方式求得，所谓“古人乞猫，必用聘”。也有说“纳猫”“迎猫”的，但“市猫”或者“买猫”确实不多见。

现在，可以想象你穿越到了古代去聘猫。

首先，聘猫要挑个所谓的“黄道吉日”，不能够草草了事。宋代就有“卜日而致之”（宋岳珂《桯史》卷八）的说法。与此配套的，古代的老黄历中就会专门有一部分内容讲哪些日子是适合聘猫的。

其次，既然说是“聘猫”，就要准备聘礼。各地聘礼其实不一样，说法也不一样。大家可能听说过黄庭坚的诗句“买鱼穿柳聘衔蝉”，那就是说有用鱼的，用柳条穿上小鱼送给母猫，然后把小猫请来。也有用盐巴的。陆游诗：“裹盐迎得小狸奴，尽护山房万卷书。”用盐的原因，有人说是因为“盐巴”的“盐”和“缘分”的“缘”读音相近，吴语地区用盐和头发，取义“有缘法”；但也有人认为盐是咸的，用盐和毛笔聘猫，取义“管闲事”（毛笔杆是竹管的），这大概是杭州一带的说法，因为这个说法出自杭州人的《衔蝉小录》。但也有用茶叶和盐的，所谓“青蒻裹盐仍裹茗，烦君为致小於菟”（《乞猫二首·其一》），这是陆游的老师曾几的诗句。“青蒻”的“蒻”，是嫩蒲草的意思，或说是竹叶，“茗”就是茶叶，整句的意思就是裹好了盐和茶叶。为什么要用茶叶聘猫，我就不知道了。还有用盐和醋的，也不知道有什么道理。还有用糖的，还有用黄芝麻、大枣、豆芽的。大概用什么作聘礼不是特别重要，重要的是有这个形式，表达一下重视。大概别的动物，像猪牛羊比较贵重，必须要用钱不可。猫的情况比较暧昧，谈价钱不方便，所以就用礼物了。

再次，新媳妇要坐花轿，聘猫在交通工具方面也有讲究。你要准备一个水桶或者麦斗，然后弄一个口袋，这两种东西缺一不可。没有水桶或者麦斗，光用口袋的话，猫可能不舒服；没有口袋，小猫倒是不会跑，但是暴露在路上，可能会应激。

你到了别人家里聘猫，献上聘礼之后，还要向主人讨一根筷子，把筷子和猫一起放到桶里再回家。路上遇见沟坎，要填平了再走，据说这样做的话猫就不往外跑了。还要从一个吉利的方向回家。到家后带着猫拜灶神和狗，相当于人拜天地父母，然后把那根筷子插到土堆上，据说这样猫就不在家撒尿了。最后让猫睡在床褥上面，这样猫就安分在家了。

以上内容，固然包含一些迷信，但也体现了人们对猫进门的重视。而且，想到用口袋和桶盛猫，可以防止猫咪应激，确实也有符合科学的意思在。

除了上面的仪式，纳猫还需要有《纳猫契》。《纳猫契》最早见于元代。我以前在书中提到元人宋鲁珍的《三订历法玉堂通书捷览》中有此契。其实明人日用杂编《居家必备》中所录吴郡人俞宗本《纳猫经》之后亦有此契。俞宗本或说即明初之俞桢（字贞木），或说为明末人，王毓瑚《中国农学书录》之《种树书》条有辨析，并无定论。《衔蝉小录》中有此契，未言出处。今综合各种版本，将其中歌谣录入如下：

> 一只猫儿是黑斑，本在西方诸佛前。三藏带归家长养，护持经卷在民间。行契其人是某甲，卖与邻居某人看。三面断价钱若干，（若干）随契已交还。买主愿如石崇富，寿比彭祖年高迁。仓米自此巡无怠，鼠贼从兹捕不闲。不害头牲并六畜，不得偷盗食诸般。日夜在家看守物，莫走东畔与西边。如有故违走外去，堂前引过受笞鞭。某年某月某日，行契人某押。

下有“东王公证见南不去，西王母证知北不游”十六字。

《纳猫契》的性质，表面上是一张买猫的契约或者说婚书，实际上也是一张符咒，有法律性和神圣性双重色彩。它上面的标题“纳猫儿契式”的“式”字是“样式”的意思，这个书上给你个样式，具体要用的话，是不写这个“式”字的。

中间那一圈儿歌谣，前面几句说的是“这只猫很神，来历不凡”，第一句还是可以调整的，比如改成“一只猫儿是花斑”或者“白无斑”“黑无斑”。中间几句需要填上具体的买卖双方或者说嫁娶双方的名字，还有具体的价格。后面是一些祝福和禁忌。煞有介事的样子，想想确实很好玩。

《纳猫儿契式》
橘子绘

山歌

拙著《猫奴图传：中国古代喵呜文化》有幸被浙江古籍出版社收入“知·趣丛书”。我把这套既能让人长知识又有趣的书尽量都翻了翻，在其中也发现了部分与猫有关的内容。

其中袁灿兴《明人范：生活的艺术》说的是明代文人，其中说到了冯梦龙的两本民歌集《挂枝儿》和《山歌》。我在《猫奴图传》的资料收集阶段，也接触到了这两种文献，但惭愧的是当时没能深入了解明代文化，更没能深入了解这两本书的意义。现在知道，明代的民歌，其实具有强烈的反传统或说反正统的倾向，有着非常明显的活泼气韵，与当时压抑人性的礼教形成了强烈对比。中国古代是不允许自由恋爱的，而古代故事中最接近爱情的反而是那些所谓的“淫奔”故事。记述这些内容的有我们熟悉的小说，但那些小说情节常发展到消极、阴暗的境地。相对而言，《挂枝儿》和《山歌》这种民歌其实更好看，更热烈，更直接。

明代民歌中有些是与猫直接相关的，但这些内容我并没有写到《猫奴图传》里，书中只引用了类似的清代著作《霓裳续谱》，虽然意思差不多，但深度并不同。如果现在让我重写，我大概会更多地引用明代的《挂枝儿》和《山歌》。

《挂枝儿》卷七“感部”中有两首《猫》，第一首讲女子因偷看猫儿交欢而情动。

《山歌》卷一《私情四句·半夜》，讲女子与人半夜私会，约定到时候不要敲门（怕人知道），而要装作野猫、黄鼠狼偷鸡，好给女子开门的借口：

> 姐道我郎呀，尔若半夜来时没要捉个后门敲，
> 只好捉我场上鸡来拔子[1]毛。
> 假做子黄鼠郎偷鸡引得角角哩叫，
> 好教我穿子单裙出来赶野猫。

猫在古典叙事中常常与人的欲望联系起来，拙著《猫奴图传》中讲猫叫的文章曾经言及于此。这种场景也出现在一些电影之中，比如洪金宝的《人吓人》的开头部分，男主撞破别人奸情，正是出于听到“猫叫声”。类似的情况，还出现在《挂枝儿》的《无毛》和《山歌》的《睃》中，限于篇幅，今不具引。

《挂枝儿》的第二首《猫》则是以猫为怒火的代表：

① 子，这里用作助词，相当于着（zhe），下同。

［北宋］王居正《纺车图》

纱窗上乱写的都是人薄幸，

一半真，一半草，写得分明。

猫儿错认做鹊儿影。

爪（抓）去纱窗字，咬得碎纷纷。

薄幸的人儿也，猫儿也恨得你紧。

数猫歌

我们现在都熟悉一首儿童认数歌曲："一只青蛙一张嘴，两只眼睛四条腿。两只青蛙两张嘴，四只眼睛八条腿。……"但很多人不知道的是，这首歌在一百多年以前曾经流行过一个数猫儿的版本。

清末徽州班戏曲有《猫儿歌》的名目，亦称《数猫歌》，是一种绕口令。虽然每只猫儿都是一张嘴和一条尾，但耳朵却是两只，腿是四条，呈递增状。让人数一两只猫的嘴、尾、耳、腿都还好说，但数到六七只猫的时候，人的思维就跟不上正常的语速了，看似简单的数数就变得特别困难。可据黄汉《猫苑》引其长辈倪楙桐说，北京城里有一个叫"八角鼓"的演员，嘴皮子特溜，尤其擅长《数猫歌》。数到十多只时，仍然口齿清晰，音声高亢，且语速不减，真是神乎其技。

《数猫歌》大概像这样：

一只猫儿一张嘴，两个耳朵一条尾，四条腿子往前奔，奔到前村。

两只猫儿两张嘴，四个耳朵两条尾，八条腿子往前奔，奔到前村。

> 三只猫儿……

今之《数青蛙》一般到四只就“扑通几声跳下水”了，虽然也有“扑通”到十声（数到十只青蛙）的，但毕竟不多见。因为《数青蛙》的儿歌性质，注定了计数不能太复杂。而《数猫歌》则是成人的炫技，数得越多越快，越能获得观众的掌声，所以一般应该可以数到十只以上。

目前虽然没有听说曲艺界仍有《数猫歌》流传，但类似的内容还是可以见到的。今所谓绕口令（贯口儿）一般把中心放在发音上，像《数猫歌》般数数的应该首推《玲珑塔》：

> 玲珑塔，塔玲珑，玲珑宝塔第一层：一张高桌四条腿，一个和尚一本经，一个铙钹一口磬，一个木鱼一盏灯，一个金铃整四两，风儿一刮响哗楞……
>
> 玲珑塔，塔玲珑，玲珑宝塔第三层：三张高桌十二条腿，三个和尚三本经……

如此“临去数单层”，数到第十三层再“回来数双层”，前后还有大量情节铺垫、延伸。如今仍能轻易找到可以精彩演绎《玲珑塔》的演员，可见其脍炙人口。一般《玲珑塔》都是唱的，如西河大鼓版。

又（马增芬演唱版）西河大鼓《绕口令》（“十道黑”部分）：

一道黑，两道黑，三四五六七道黑，八道九道十道黑。我买了一个烟袋乌木杆儿，我是掐着它的两头那么一道黑。二姑娘描眉去打鬓，照着镜子两道黑。粉皮墙，写川字，横瞧竖瞧三道黑。象牙桌子乌木腿，把它放在了炕上那么四道黑。我买了一个小鸡不下蛋，把它搁在了笼里捂到黑。挺好的骡子不吃草，拉到街上溜到黑。我买了一个小驴不套磨，给它配上它的鞍韂骑到黑。二姑娘南洼去割菜，丢了他的镰刀拔到黑。月窠的小孩得风病，给他团几个艾球灸到黑。卖瓜子他打瞌睡，哗啦啦撒了这么一大堆，他的笤帚簸箕不凑手，那么一个一个拾到黑。

网络上又能见到《数枣》《数葫芦》等，都比较简单，似乎只是学生练习用，缺乏表演价值，亦未见传统曲艺项目演绎，然而理趣稍具：

出东门，过大桥，大桥前面一树枣，拿着竿子去打枣，青的多，红的少：一个枣，两个枣，三个枣，四个枣，五个枣，六个枣，七个枣，八个枣，

[北宋]张择端(传)《清明易简图》(局部)

九个枣，十个枣；十个枣，九个枣，八个枣，七个枣，六个枣，五个枣，四个枣，三个枣，两个枣，一个枣。

一个葫芦两个瓣，两个葫芦四个瓣，三个葫芦……

《猫苑》所记，似乎是说的，比唱更有难度。既然《数猫歌》的词传了下来，似乎应该仍能搬上舞台。而《数猫歌》之所以会失传，大概是因为其内容单调，远没有《玲珑塔》《十道黑》生动有趣。如今想要把《数猫歌》搬上舞台，应该参照其他成功的绕口令（贯口儿），在情节上再下一些工夫。

《猫苑》记《数猫歌》表演者名“八角鼓”，而“八角鼓”实亦乐器名，大概当时表演所用。而据《中国古籍总目·集部》，“戏曲研究院”（疑为今中国戏曲研究院）藏有清别埜堂抄本《猫儿名一枝》，属于曲类俗曲之属八角鼓，作者不详，亦不知与《数猫歌》是否有关。

《红楼梦》中猫

年少时偶然翻过一遍《红楼梦》，以为盛名难副，不似《桃花扇》般屡次让人涕泪纵横。二十年来看花落云起，多见师友对红学有所褒贬。最近又一次偶然拾起此书，竟见那些句子闪闪发光，仿佛就刻在了我铁石般的心头。就忍不住想写点什么。

《周汝昌校订批点本石头记》中，可检得十数例“猫”，分别是：第五回两次出现“猫儿狗儿打架”，第十二回“如猫捕鼠”，第二十五回“避猫鼠儿”，第四十回“喂你们的猫”，第四十四回“馋嘴猫”，第五十回“锦罽暖亲猫”，第五十二回“猫儿眼”，第五十五回“小冻猫子”，第五十六回“避猫鼠儿”，第六十回两次出现“猫儿狗儿”，第六十二回“猫儿食”，第六十三回“猫儿狗儿”，第六十六回“猫儿狗儿”，第六十八回“猫儿狗儿”，第六十九回“人家养猫拿耗子，我的猫只到（倒）咬鸡”。另外，第五十三回有“兔子”的异文“野猫”（已见于本书之《虎豹·虎名》），后四十回及其他续书中的情况，则不再条列细论。

总之，《红楼梦》中着实有一些提到猫的地方。而这些“猫”，几乎全部带有强烈的象征意涵，并非自然记述。

贾府中是否养猫

贾府中明确是有养猫的，但并没有谁对猫有所偏爱。

第五回两次出现秦可卿吩咐丫鬟“看着猫儿狗儿打架”，第四十回鸳鸯对王熙凤说可以把饭菜“喂你们的猫”，这些话确有实指。1987版电视剧第25集中王熙凤在床上抱着白猫的设定，并非毫无根据。唯独第六十九回“人家养猫拿耗子，我的猫只到（倒）咬鸡”，仅仅是凤姐设譬之语，将猫比作手下平儿，指责她违背主人意愿，与凤姐实际上是否养猫无关。

书中18例“猫”，竟有6例与凤姐多少相关。前举两例之外尚有：第十二回的“如猫捕鼠的一般抱住”说的是贾瑞扑向假凤姐，第四十四回的“馋嘴猫似的”是贾母形容凤姐丈夫偷情的话，第五十五回的“小冻猫子”是凤姐形容贾环的话，第六十八回的“就同那猫儿狗儿一般”是贾蓉向凤姐求饶时自毁的话。

第五十回众人联诗，林黛玉有“锦罽暖亲猫”之句，以对史湘云之“石楼闲睡鹤”。“罽（jì）”即毛毡，亦即诗词中常常伴随猫儿出现的“氍（qú）毹（shū）”。“锦”（鲜明美丽）为修饰词，无实意，“锦罽”亦即毛毡。黛玉的人生基调是凄苦的，她很少有这样“暖”的句子，而且还是笑到捂着胸口喊出来的句子。也许猫儿真的给过黛玉一些温暖？书中没有明写黛玉养猫，我们这里也就不多猜了。但她养鹦鹉，那鹦鹉还能念六句七言的《葬花吟》，“黛玉无可释闷，便隔着纱窗调逗莺哥作戏，又将素日所喜的诗词也教与他念”（第三十五回），宠爱之情溢于言表。

周汝昌以为书中“凡点鹤字皆湘云之象征也”，所以“石楼闲睡鹤”实际就是说湘云自己（天真烂漫如“醉眠芍药裀”）。那么，是否可以以此类推说黛玉之“锦罽暖亲猫”也是暗笔自况呢？

刘心武《芦雪庵联诗是雪芹自传》（见其《红楼望月：从秦可卿解读〈红楼梦〉》一书）中有一个说法，录于此以广异闻：“在很可能见到过曹雪芹本人并读过其未能传至今日的原稿的明义的《题〈红楼梦〉》组诗中，有一首就写到贾宝玉‘晚归薄醉帽颜欹，错认猧儿唤玉狸’，这大概是说第三十一回中，宝玉错把晴雯当作袭人的事（袭人在怡红院中有‘西洋花点子哈巴儿’的绰号，见三十七回），由此可见，玉狸即‘亲猫’，实际上也是泛指作者所珍惜的女儿们。”

第六十回赵姨娘对贾环说：“难道他（宝玉）屋里的猫儿狗儿，也不敢去问问不成？”探春也对赵姨娘说：“（那些小丫头子们）便他不好了，也如同猫儿狗儿抓咬了一下子，可恕就恕，不恕时，也只该叫了管事媳妇们去说给他去责罚。”第六十三回林之孝家的说：“便是老太太、太太屋里的猫儿狗儿，轻易也伤他不得。”这三处主子屋里的“猫儿狗儿”，实际是指下等仆人，而与其屋中是否养有猫狗无关。

以“猫儿狗儿”指普通、轻贱之人或物，当然不始于也不止于《红楼梦》。五代时卢延让已有“平生投谒公卿，不意得力于猫儿狗子”的感慨，见北宋孙光宪《北梦琐言》卷七。南宋朱熹说过：“如猫儿狗子，饥便待物事吃，困便睡。”见《朱子语类》卷二十九。其语类似于《庄子·徐无鬼》所谓“狸德”，已详拙著《猫奴图传》之《猫不入诗》及《庄子不养猫——中国早期养猫尝试》。元高明《蔡伯喈琵琶记》第三出：“前日艳阳天气，花红柳绿，猫儿狗儿也动心，你也不动一动。”明杨尔曾《韩湘子全传》第二十二回：“那虎就像是人家养熟的猫儿狗儿一般，俯首帖耳，咆哮而去。”稍晚于《红楼梦》出现的小说《儿女英雄传》第二十五回：“便是俗语也道得个猫儿狗儿识温存。”则露有宠爱之意。

猫儿狗儿打架

《红楼梦》中的“猫儿狗儿”更多的是象征“兽欲”“兽性”。前文所举第十二回贾瑞“如猫捕鼠的一般抱住”假凤姐，第四十四回贾母形容贾琏“馋嘴猫似的”，皆为明证。凤姐捉奸，反被丈夫追杀，于是哭奔祖母，没想到贾母竟然笑着说：“什么要紧的事！小孩子们年轻，馋嘴猫似的，那（哪）里保的住不这么着？自从小儿世人都打这么过的。都是我的不是，他多吃了两口酒，又吃起醋来。”凤姐经此，便明白哭闹常无益的道理，而贾琏做事也愈发小心了。后文书贾琏偷娶尤二姐，凤姐闻得风声，先是向贾蓉逼问。贾蓉叩头一通认罪，其中有一句是说：“儿子糊涂死了，既作了不肖的事，就同那猫儿狗儿一般。”（第六十八回）这里的“猫儿狗儿”就是“畜生”的意思。其后遂有凤姐阴谋逼死尤二姐之事。

与尤三姐定亲之后，柳湘莲忽然想起向贾宝玉打听三姐的人品来。宝玉默认丑事，“湘莲听了，跌足道”：“这事不好，断乎作不得了！你们东府里除了那两个石头狮子干净，只怕连猫儿狗儿都不干净。我不做这剩忘八！”（第六十六回）这段书十分有名，用来说明贾府之道德糜烂。其文意亦不难懂，但似乎少有人追究柳湘莲这里的措辞。

为何“石头狮子”干净，“猫儿狗儿”不干净？我认为，这两者存在一个生物与非生物的区别，柳湘莲的意思是贾府中所有生物都不干净。

第五回写宝玉梦游太虚幻境之前，先来一笔“秦氏便吩咐小丫嬛们，好生在廊檐下看着猫儿狗儿打架”，醒后紧贴着的是“秦氏在外听见，连忙进来，一面说丫嬛们好生看着猫儿狗儿打架”。所以宝玉这个“红楼梦”外，是一个前后照应的圆环。梦前、梦中、梦后都有大量笔墨与性有关，梦前极力铺陈秦氏房中犹如妓馆，脂砚斋批语所谓“艳极淫极”，醒后宝玉又与袭人共云雨。总之，这里“猫儿狗儿打架”十分可能也与性有关。第七十三回写傻大姐捡到一个绣着春宫图的香囊，“便心下盘算”：“敢是两个妖精打架？不然，必是两口子相打。”与此第五回之“打架”恰好照应。如此，则“猫儿狗儿”当理解为“猫儿或狗儿”，而不是“猫儿和狗儿”。

细究起来，无论上述猜想是否合乎作者之意，原文之“看着猫儿狗儿打架”都应当理解为“看着猫儿狗儿，不要让它们打架”。因为性事的隐秘性，秦氏当然是不愿意将之拿到光天化日之下的。退一步讲，宝玉在屋中睡觉，猫狗打架会吵到他。

猫儿的情欲色彩，当然也不只表现在《红楼梦》中。元曲中便有“莫道出家便受戒，那个猫儿不吃腥？”之语，见张国宾《相国寺公孙合汗衫》。当然《合汗衫》里的猫儿跟情欲的联系还不是十分明确，而更像是包括情欲、贪欲在内的一切“不正当”欲念。明清溪道人《禅真逸史》第七回：“猫儿见腥，无有不吞。我为住持爷用尽了机神，千难万难勾搭得他到这里，怎么就轻轻地放过了？”则确乎与淫邪相关。《红楼梦》言及“狗”，如第六十七回凤姐形容偷纳妾的贾琏“真成了喂不饱的狗”，第八十回薛姨妈当面骂儿子薛蟠“骚狗也比你体面些”，亦皆此类。后四十回之第八十七回写妙玉走火入魔前，亦有“忽听房上两个猫儿一递一声厮叫”之语。

相关内容多淫邪不堪，唯独《聊斋志异》之《庚娘》中“欲吃猫子腥”一语，颇为蕴藉。说的是男女主角舟上重逢，男主急忙喊出：“看群鸭儿飞上天耶！”女主则回道：“馋猧儿欲吃猫子腥耶？”这是当年夫妻间隐晦的玩笑话，意思是男主说自己的“情绪”来了，女主则笑话男主是“畜生”。后人以为《聊斋》“书中词句典丽，取为谜料，亦复俊逸可喜”。（谢云声《灵箫阁谜话初集》）谜面“少妇亦呼云：馋猧儿欲吃猫子腥耶？”的谜底就是《周易·蒙卦》的爻辞“见金夫”，因为男主姓金。

小冻猫子

《红楼梦》第二十五回贾母哭诉宝玉被管得太严，“见了他老子还不像个避猫鼠儿”。这里是反问的语气，其实是说宝玉见了父亲贾政就像老鼠见了猫一样害怕。

清嘉庆年的两部续书，秦子忱《续红楼梦》第二十回及佚名《红楼春梦》第二十回、三十七回，亦皆有“避猫鼠儿”之语。明代小说《醋葫芦》第五回：“我岂不知夫纲该整？但是见着他，不知怎地，好似羊见虎，鼠见猫的一般，立时苏软。”明末清初《醒世姻缘传》第四十一回：“听见了媳妇子吆喝了两声，通象老鼠见了猫的一般，不由的就滩化成一堆了。”

《红楼梦》第六十二回：“我说你是猫儿食，闻见了香就好。”此袭人打趣宝玉之语，形容其食量很小。以“猫鱼”指“小鱼”，与此同趣。清李伯元《文明小史》第五十一回：“每顿也吃大餐，不像那些旅人宿，两条猫鱼、一碟生菜的口味了。”

《猫苑·名物》：“若《红楼梦》所称‘钻热炕的煸毛小冻猫子’，此则满洲人之口腔也。”清代三种猫书中，唯一提到《红楼梦》的便是此文。孙荪意《衍波词》中有《贺新凉·题红楼梦传奇》一首，但其《衔蝉小录》却未提及

《红楼梦》。

贾宝玉兄弟三人，大哥贾珠是“别人家的孩子”，优秀得不行，可惜死得太早；三弟贾环则为庶出，既不自尊自爱，又为府中上下所鄙夷。第五十五回凤姐点评兄弟姐妹，说到：“环儿更是个燎毛的小冻猫子，只等有热灶火坑让他钻去罢！真真一个娘肚子里跑出这样天悬地隔的两个人来，我想到这里就不伏。”这“两个人”指赵姨娘生的探春和贾环，探春精明能干，为人所敬重。

第二十三回：“贾政一举目，见宝玉站在跟前，神采飘逸，秀色夺人。看看贾环，人物委蕤，举止荒疏，忽又想起贾珠来。再看看王夫人只有这一个亲生的儿子，素爱如珍，自己的胡须将已苍白，因这几件上，把素日嫌恶处分宝玉之心，不觉减了八九。”此“人物委蕤，举止荒疏”[①]与凤姐所言“小冻猫子钻热灶”正好映照。

张爱玲《红楼梦魇》之“五详”言：“近代通称‘偎灶猫’。”“偎灶猫”一般写作“煨灶猫”，其实最早在唐代就有类似的说法。《大慈恩寺三藏法师传》卷四：“铺多之辈，以灰涂体，用为修道，遍身艾白，犹寝灶之猫狸。”北宋徐积《节孝集》卷二十六《雪·其七》：“僧檐鸟伺斋余饭，客灶猫栖爨后烟。”明代小说《西湖二集》卷第十七：“人家养个猫儿，专为捕捉耗鼠，若养了那偷懒猫儿，吃

① 委蕤（ruí），软弱的意思。荒疏，浮躁。

了家主鱼腥饭食，只是齁齁打睡煨灶，随那夜耗子成精作怪，翻天搅地，要这等的猫儿何用？”清代小说《万花楼》第二十九回：“焦廷贵道：离山老虎果然凶，吾今与你斗上三合，强似我者，才算你为离山虎，如怯弱于我，只算煨灶猫。”戴望舒也曾将法国作家沙尔·贝洛笔下的灰姑娘译为“煨灶猫”。

纸帐薰炉作小温，狸奴白牯对忘言。
更无人问维摩诘，始是东坡不二门。

——陈师道《次韵苏公谒告三绝·其三》

另外清末民国时别号“红楼梦里人”的吴克岐，曾将“小冻猫环哥解燎毛”作为谜面，谜底为《论语·八佾》的那句“宁媚于灶”，见其《犬窝谜话》卷二。

当初《猫奴图传》出版后，我才在《聊斋志异》中发现好多“狸思猫迹”，颇以为憾。后来趁着编纂《猫咪志》，在很大程度上做了弥补。而今在《猫在故纸堆》出版前草就此篇，实为幸事。